U0273660

桂林山区野生观赏植物手册

丛林林　主　编

韩　冬　黄　莹　副主编

中国农业出版社

农村读物出版社

北　京

特 别 声 明

    本书中的植物均是通过实地考察验证的桂林山区野生植物，由于气候的差异性，所以部分植物的花果期与《中国植物志》中的同一植物有所不同。书中植物的药用部分参考了相关的中医药书籍，仅供读者参考，具体使用请遵医嘱；可食用的野菜部分均由作者亲自烹饪品尝，无毒可食用。书中所有植物图片均由作者绘制，在文字与图片中有不完善或不正确之处还请读者谅解，并给予指出，谢谢！

    在这里感谢桂林理工大学风景园林一级学科建设经费的资助，感谢学校的领导和同事们在出版本书时给予的帮助和建议，特别感谢黄莹教授的专业指导，才能够使本书顺利出版。

    本著作是"教育部新农科研究与改革实践项目项目《学科交叉与教研融合的园林创新人才培养模式构建与实践》"和"2020年国家社会科学基金项目（20BMZ082）：南岭走廊少数民族非物质文化遗产活态传承与创新交融研究"的阶段性研究成果。

    Chief editor Cong Linlin and deputy chief editor Han Dong are studying for their doctorates at the Graduate School of Technical Design of Kookmin University.

    This book is the result of the two authors' research during their doctoral studies.

序　言

　　《桂林山区野生观赏植物手册》介绍了广西桂林市周边山区野生观赏植物的形态特征、生长习性、观赏部位、园林应用以及该植物在园林应用中所产生的景观效果。桂林的喀斯特地貌形成了美丽的自然山水，而这绮丽的山水中蕴藏着喀斯特特有的植物。再加上桂林气候湿润、冬季较短且温度最低不过－3～－2℃，所以造就了丰富的植物资源。桂林是多个民族聚居的地方，少数民族在各自利用野生植物方面具有丰富的经验，植物利用方式也成为各民族独特的文化形式。因此，在城市园林绿化建设中要根据地域特色选用乡土植物来进行造景，既可以降低培育和管理成本，提高成活率，还能体现桂林的文化特色，展现城市园林建设成果。该手册通过对桂林山区野生观赏植物的调查，从中筛选出适合城市园林绿化的植物种类，为提升城市园林景观多样性提供植物素材。本书对桂林山区的草本、灌木、乔木、藤本四类野生观赏植物进行了调查和描述，着重介绍了各类野生观赏植物的观赏特性和园林应用，对部分具有药用价值和保健功效的植物也给予了相应的介绍，在人们越来越重视中草药治疗和保健的背景下，可以综合考虑园林植物的观赏价值和药用价值，营造出既美丽又健康的园林环境。

目 录

序言

一、总　　论

（一）桂林市自然概况

1. 地形地貌

广西桂林市位于南岭山系西南部、桂林—阳朔岩溶盆地北端中部，处在"湘桂夹道"中；地形为西部、北部及东南部高，中部较低；以中山或低中山地形为主，山峰海拔多在 1 000 m，越城岭主峰猫儿山海拔 2 141.5 m，被称为华南第一峰。平乐县海拔低至97 m。山峰与盆地间的相对高差为 600～1 600 m，坡度 20°～45°。市区东西两侧为低山丘陵地形，海拔标高 300～600 m，相对高差200～300 m；南北两端为低缓的丘陵。垄岗地形，海拔标高160～200 m，相对高差 10～20 m；中部为典型的岩溶地貌，峰奇水美，呈现为岩溶峰林及地势开阔平坦的孤峰平原和河谷阶地，地面海拔标高 150～160 m，峰顶标高 200～300 m。

2. 气候

桂林地处低纬度地区，属亚热带季风气候。境内气候温和，雨量充沛，无霜期长，光照充足，热量丰富，夏长冬短，四季分明且雨热基本同季，气候条件十分优越，唐代诗人杜甫以"五岭皆炎热，宜人独桂林"赞誉桂林的气候。桂林三冬少雪，四季常花，平均气温接近19℃左右。7、8 两个月最热，平均气温为 28℃；1、2 两个月最冷，平均气温为 9℃左右，最低气温偶尔降到 0℃以下。年平均降水日数 166 天，连续降水最长日数 30 天，年平均降水量 1 887.6 mm，年平均相对湿度为 76%。全年风向以偏北风为主，平均风速为 2.2～2.7 m/s，年平均日照时数为 1 447.1 h，平均气压为 99 510 Pa。

3. 土壤

桂林地处南岭山系的西南部，属红壤土带，以红壤为主。pH4.5～6.5。依其成土的母质可分为红壤土、石灰土、紫色土、冲击土、水稻土等 5 个土类，14 个亚类，36 个土属，89 个品种。河流冲积母质沙壤土和水稻土，土层深厚，耕作性良好，是水稻和蔬菜高产区。中色石灰土和黑色石灰土，宜旱地作物和林业生产。

4. 植物资源

桂林市森林资源丰富，森林覆盖率 70.91%。各县森林覆盖率达 55.3%～78.8%。全市建有森林旅游景区 50 多个，主要分布在龙胜、资源两县和花坪、猫儿山、千家洞、海洋山自然保护区以及 10 多个国有林场中。桂林市有高等植物 1 000 多种，包括银杉、银杏等名贵树种；自然植被以马尾松为主，市区以桂花为主，桂花是桂林市的市花。林业主产杉木和毛竹，桂林市森林面积 121.56 万 hm^2，森林储蓄量 3 774.42 万 m^3，每年可提供木材 40 余万 m^3、毛竹 1 600 多万根。

（二）桂林市绿化发展概况

1999 年 8 月，桂林市组织实施了漓江、桃花江与木龙湖、杉湖、桂湖、榕湖沟通的环城水系工程，即"两江四湖"工程。这项大型生态环境和园林绿化及基础设施建设工程，使漓江、桃花江与内湖沟通形成环城水系。共计新栽乔木 1.16 万余株、灌木 8.4 万株，地被植物 300 多万株，植物品种 210 多种，新增绿地 30 多万 m^2。建有榕树园、木兰园、银杏园等多个植物专类园，形成了植物多样性的绿化格局，构建了环城园林生态景观带，使环城水系保持四季常绿、四季有花，营造了良好的生态和园林景观，使景观自然融入城市空间，成为城市中心一系列开放式生态公园绿地，有效提升了城市中心区的园林绿化水平和质量，创造出城市绿化景观新亮点。

2002 年以来，完成漓江流域人工造林 1.2 万 hm^2，封山育林 1.67 万 hm^2，改种、补植小东江、桃花江两岸绿化树种，市区内河绿化率达到 99.29%，漓江流域森林覆盖率达到 59.90%。基本上形成了公路、水路、铁路林网化，营建了一条条绿色长廊。桂林市的街道绿化由普通绿化标准向多样化、高标准、景观型转变。中山路、解放东路、解放西路、桂大路、环城南路、芦笛路等新建、改建的道路绿化由单一的行道树种植向具有人行道绿化、中央分车带绿化、左右侧分隔带绿化形式转变，做到了乔、灌、花、草合理搭配，提高了绿化质量，增加了绿化面积，达到了美化效果。与此同时，加大了其他街道行道树的改造力度，保留生长好、覆盖宽的大树。利用桂林的乡土树种，结合桂林街道特点，实施"一树一街一品"的绿化美化建设，先后建成桂花、枫香、银杏、榕树、樟树、栾树等树种街道绿化，并在立体景观设计上配植灌木、花、地被植物，形成了一街一景，凸显出桂林特色的街道美景。

桂林市现有公园 15 个，在公园建设上，桂林充分利用山多、水多这一特点体现地方特色，穿山、南溪山、叠彩山等公园依山傍水，自然景观丰富。在保护好自然景观，恢复城市自然生态调节功能的基础上，选择适生树种，大量种植多种彩叶树种、灌木、花、地被植物等，营造人工生态植物群落，达到人与自然和谐相处的景观效果。七星、芦笛等公园依托山体、溶洞、文物古迹，配合现代园林绿化理念和手法，营造出休闲、游览、自然景观与人工园艺相结合的公园绿化精品，创建山、水、公园一体化的城市绿化景观。大力发展广场、游园绿地，拆墙透绿，拆房透绿，拓宽城市绿色空间。合理运用乔、灌、花、草等，探索栽植球形、方形、菱形等艺术造型的多样化。从 1999 年以来，结合城市建设和旧城改造，先后建成供市民大型聚会活动、游憩的市中心、甲天下、象山等 5 个绿化广场，扩大城市绿地面积 53.42 万 m^2，增加了绿量，美化了环境，为市民、游客提供了优美的游憩之地。

在城市园林绿化方面，桂林市被评为"全国造林绿化十佳城市"、"国家园林城市"、"国家环境保护模范城市"、"广西绿化模范城市"、"自治区绿色工程建设先进市"等。

（三）编写《桂林山区野生观赏植物手册》的重要性

对桂林山区的野生观赏植物种质资源的调查与利用研究，是园林植物与观赏园艺研究的重要组成部分，是倡导乡土观赏植物、丰富桂林园林植物物种多样性的根基与源泉，也是保护珍稀濒危植物、促进其可持续发展利用的重要方式。桂林山区的野生观赏植物资源丰富，因其千姿百态、花色斑斓、种类繁多、适应性强而备受人们的喜爱。野生观赏植物已成为旷野山林的象征，用其营造出的园林野趣浓郁、纯朴自然，正是现代城市中人们向往的返璞归真、回归自然的生活环境。

很多植物具有药用价值，在预防和治疗疾病方面起到很好的作用。2019 年 COVID-19 在全球范围内发生，在治疗过程中，中草药起到了重要作用，人们越来越重视中草药对人们身体健康的影响。随着养生概念的普及和中药文化的发展，人们对自然养生方法产生了兴趣，草药养生得到了人们的广泛关注。在园林绿化中运用药用观赏植物造景，弘扬中国传统医药文化，实现健康保健功能的同时还可以丰富园林类型，是一个很有意义的研究主题，也是园林绿化的发展趋势。掌握更多的野生观赏植物种类，可以为桂林市园林观赏植物育种提供优良种质资源和原始材料，进而打造具有地域特色的城市园林绿化景观。

二、各　　论

（一）草本类野生观赏植物

1. 中华苦荬菜

***Ixeris chinensis*（Thunb.）Nakai**

为菊科苦荬菜属多年生草本植物。茎直立。上部伞房花序状分枝。叶羽状分裂或不分裂。头状花序，在茎枝顶端排成伞房状花序，舌状小花黄色或白色。花期 2—10 月。采样于桂林市雁山。

该植物为田间杂草，是营造乡野田园气息的优选材料；且花色美观，特别是黄色花给人以温暖，春意盎然的感受。在桂林早春二月可以在田间采摘其嫩叶作为食用。3—5 月是其盛花期，在田野中到处可见黄色、白色的苦荬菜花点缀在青翠的草丛中。在园林绿

9

化中可作为花境、碎花草坪等的点缀。也可以种在低矮墙垣的缝隙中，纤细的花茎与黄色的花朵随风摇摆，使墙垣更加自然美观。除此之外，还可以密植在落叶乔木下面作为地被，早春时犹如小太阳般的花朵与乔木萌发的新芽共同营造春意盎然的景观效果。

中华苦荬菜常生长于山地、荒野及河边灌丛或岩石缝隙中；生命力和繁殖力特别旺盛，喜欢阳光充足的地方。特别耐贫瘠，适应性强，容易栽培和管理。

中华苦荬菜是食用野菜，春季未开花前挖取其嫩叶，焯水后凉拌或煮汤均可，是很好的消炎降火食材，具有清热解毒、消肿止痛的功效。

2. 藿香蓟

***Ageratum conyzoides* L.**

为菊科藿香蓟属一年生草本，高 50～100 cm。茎粗壮，基部径 4 mm，不分枝或自基部或自中部以上分枝，被茸毛。叶对生，有时上部叶互生，卵形或长圆形，有时植株全部叶片较小，基出三脉或不明显五出脉。头状花序多个，在茎顶排成紧密的伞房状花序，总苞钟状或半球形，宽 5 mm，总苞片 2 层，长圆形或披针状长圆形，淡紫色或白色。瘦果黑褐色，5 棱。花果期全年。采样于桂林市雁山。

藿香蓟株丛繁茂、花色淡雅，常用来配置花坛和用作地被；也可用于庭园、路边、岩石旁点缀。矮生种可盆栽观赏，高秆种用于切花插瓶或制作花篮。

藿香蓟与假臭草形态上相似，是同科不同属植物。两者的区别主要体现在叶片和总苞上。藿香蓟的叶为卵形或长圆形，叶形较圆润，锯齿比较钝，边缘锯齿不明显；假臭草的叶为卵形、宽卵形或菱形，叶形较尖，边缘锯齿明显。在叶片气味方面，假臭草的叶片揉搓后可以闻到一种刺鼻的难闻气味；藿香蓟的气味比较淡。藿香蓟的总苞呈杯状；假臭草的总苞则呈长筒形或钟形。假臭草是入侵植物，具有危害性。

藿香蓟常生长于山谷、山坡林下或林缘、河边或山坡草地、

田边或荒地上。喜温暖，阳光充足的环境。对土壤要求不严。不耐寒，在酷热环境下生长不良。植株低矮，分枝力强，花色美观。而且分布范围广，适应性、抗逆性强，萌芽率高，容易栽培，管理简单。在城市园林绿化中，具有较好的绿化效果。

藿香蓟全草用于清热解毒和消炎止血。

3. 马兰

Aster indicus **L.**

为菊科马兰属多年生草本，高 30～70 cm。茎直立。基部叶在花期枯萎，茎部叶倒披针形或倒卵状矩圆形，顶端钝或尖，基部渐狭成具翅的长柄，边缘从中部以上具有小尖头的钝或尖齿或有羽状裂片。头状花序单生于枝端并排列成疏伞房状，花淡紫色偶有白色。瘦果扁平倒卵状，褐色。花期 4—11 月，果期 8—12 月。采样于桂林市乌柏滩。

马兰俗称马兰头，又叫田边菊，在桂林的乡野路边都能看到。5 月是马兰的盛花期，其花多为淡紫色，与紫菀相似。刚开时颜色较深，后面颜色逐渐变浅，如果成片种植会呈现颜色深浅

不一的花色。可与德国鸢尾一起种植呈现花坛、花境景观效果，两者都是耐阴性强的多年生草本植物，从色彩上属于同类色，马兰花较德国鸢尾花稍淡，但叶形和花形上均有明显对比，两者组合会营造出清新淡雅的浪漫气息，是林荫小路、墙基和林下绿化较好的地被植物。

马兰常生长于林缘、草丛、溪岸、路旁。耐高温也耐阴，喜湿，耐贫瘠，既可播种繁殖也可分根繁殖，是很好的花境植物和地被植物。

马兰也是一种很美味的野菜，营养丰富。在3月初到4月中旬未进入盛花期时采摘其嫩叶焯水、浸泡后食用，凉拌、炒食、煮汤均可，还可将其晒干做干菜，食用时再水发。由于其味道浓郁，建议食用时放少许调味即可。全草药用，有清热解毒、消食积、利小便、散瘀止血之效。

4. 一点红

Emilia sonchifolia （L.） DC.

为菊科一点红属一年生或多年生草本。根垂直，茎直立，无毛或被疏短毛，灰绿色。叶质较厚，顶生裂片大，宽卵状三角形，具不规则的齿，侧生裂片长圆形，具波状齿，上面深绿色，下面常变紫色。头状花序在开花前下垂，花后直立，小花粉红色或紫红色。花果期 4—10 月。采样于桂林市雁山。

一点红在野外、田间都很容易见到，生命力强，适应性广。花粉红色或紫红色，生于顶端，花冠数个挤在一起，看起来毛茸茸的，甚是可爱。在绿色的草丛中点点红花，应了那句"万绿丛中一点红"

的意境。一点红植株矮小，花期较长，可作栽培观赏用；也可用于花坛、小路边、墙垣、花境等绿化。

一点红常生于村旁、路边、田园和旷野草丛中。喜温暖阴凉和潮湿环境，常生长于疏松、湿润之处，但较耐旱和耐贫瘠，能在干燥的荒坡上生长，不耐渍，忌土壤板结。

一点红常作野菜食用，春季嫩茎叶可炒食、做汤，质地爽脆。具有清热解毒、活血散淤等功效，还可以治疗泌尿系统感染、咽喉炎等症。

5. 佩兰

Eupatorium fortunei **Turcz.**

为菊科泽兰属多年生草本，高 0.5～1 m。茎直立，色深略带暗红色。花序分枝及花序梗上的毛较密。中部茎叶较大，三全裂或三深裂，中裂片较大，长椭圆形或长椭圆状披针形或倒披针形，全部茎叶两面光滑，羽状脉。头状花序多数在茎顶及枝端排成复伞房花序，总苞钟状，总苞片覆瓦状排列，外层短，卵状披针形，中内

层苞片渐长，长椭圆形，全部苞片紫红色，花白色或带微红色。瘦果黑褐色，长椭圆形。花果期 7—11 月。采样于桂林市会仙马家坊村。

佩兰植株茂密，成丛成片。3—4 月新芽嫩绿，5—6 月叶片深绿茂盛，郁郁葱葱。由于其叶薄开裂较深且呈长披针状，所以会随风摇曳，十分灵动。花虽然不艳丽，但由于其开花顺序先后不同，持续开花，成丛成片种植也有较好的视觉效果。可作为地被植物种植于林下。也可做庭园花镜和墙垣绿化。在其采样地发现该植物与马兰密生成片，生于河岸的树下。

佩兰常生长于岸边、路边灌丛及山沟路旁，喜湿润和半阴环境，对土壤要求不严。

佩兰全株及花揉之有香味，全草可入药。泡水喝具有化湿、解暑的功效。

6. 野菊

***Chrysanthemum indicum* Linnaeus**

为菊科菊属多年生草本，高 0.25～1 m。有地下匍匐茎。茎直立或铺散，分枝或仅在茎顶有伞房状花序分枝。叶淡绿色，中部茎叶卵形、长卵形或椭圆状卵形，羽状半裂、浅裂或分裂不明显，边缘有浅锯齿，基部截形或稍心形或宽楔形，柄基无耳或有分裂的叶耳。头状花序，多数在茎枝顶端排成疏松的伞房圆锥花序或少数在茎顶排成伞房花序。总苞片约 5 层。舌状花黄色，舌片长 10～13 mm，顶端全缘或 2～3 齿。花期 6—11 月。采样于桂林市柘木镇。

野菊的花嫩黄色，中间的花蕊饱满圆润，形状似向日葵。花多数，秋季满枝开得密密麻麻，十分耀眼。花具有淡淡的花香，令人神清气爽。可丛植或成排种植于庭园，清香宜人，还具有驱蚊的功效；也可种植于居住区、公园等地的路边或水景的岸边。

野菊常生长于山坡草地、灌丛、田边及路旁。喜光，耐半阴。繁殖快，适应能力强，易种植，对生长环境不挑剔，耐寒，耐热，耐贫瘠。

野菊花晒干可做花茶饮用，清香去火。还可以将晒干的野菊花装进枕头里，有助于睡眠。全草具有清热解毒、疏风散热、散瘀、明目、降血压的功效。预防流行性感冒，治疗高血压、肝炎、痢疾、痈疖疔疮都有明显效果。花的浸液对杀灭蝇蛆等也非常有效。

7. 泽漆

***Euphorbia helioscopia* L.**

为大戟科大戟属一年生或二年生草本，高 10～30 cm。全株含乳汁。茎基部分枝，丛生。叶互生，叶片倒卵形或匙形，先端微凹，边缘中部以上有细锯齿。杯状聚伞花序顶生，伞梗 5，每伞梗再分生 2～3 个小梗，每小伞梗第三回又分裂为 2 叉，伞梗基部具 5 片轮生叶状苞片，杯状聚伞花序钟形，黄色。花果期 4—10 月。采样于桂林市雁山。

泽漆的花黄色且很小，包在叶状苞片中，未绽放时苞片轮生卷曲呈玫瑰花苞状包在一起，盛开后会结一颗果实。整株先 5 分枝，后 3 分枝。整株看上去如云朵般一团团，所以泽漆又叫五朵云。泽漆植株低矮，株型整齐，苞片和顶端的小叶呈黄绿色，看起来更像花朵。泽漆可成丛或成片密植，都极具观赏效果。但要注意泽漆对麦类、油菜、马铃薯、蔬菜等作物有危害作用，种植时要远离这些作物。泽漆有一定毒性，不要误食，不要把乳汁弄到皮肤上。可以用于工厂、高速路边、河岸等地的景观绿化。

泽漆常生长于沟边、路旁、山坡和田野中，喜阳，耐贫瘠，不挑土壤，适应性强，易管理，是很好的地被植物。

泽漆具有行水消肿、化痰止咳、解毒杀虫的功效。用于治疗水气肿满、痰饮喘咳、疟疾、菌痢、骨髓炎等症。

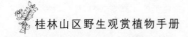

8. 婆婆纳

Veronica polita Fries

为玄参科婆婆纳属一年至二年生草本植物，高可达 50 cm。铺散多分枝。叶片短柄，卵形或圆形，边缘具钝齿，两面疏生柔毛。总状花序，花梗很长，生于叶腋，裂片卵状披针形，花冠根部白色，其余蓝色或蓝紫色，花瓣上有深色纹脉，花瓣 4 片。种子肾形，背面具深的横纹。花期 3—5 月，果期 4—6 月。采样于桂林市雁山。

初春 3 月，在桂林的田野、小河边常常能看到婆婆纳开着蓝色的小碎花。花的直径不到 1 cm，星星点点地点缀在草丛中，显得格外热闹。该植物喜欢光照，是长日照植物，可作为草坪植物进行大面积种植；也可以作为落叶乔灌木的林下绿化种植。除了星星点缀的蓝色小花外，其叶子长得紧凑密集，也极具观赏价值；还可以丛植于庭园、花坛和小花园等地；也可以用作盆栽和切花观赏。

婆婆纳原产于西亚，后广布于欧亚大陆北部和温带、亚热带地区。该植物常生长于荒地，阳光充足的地方开花茂盛，生长旺盛。喜湿但要防止水涝，一般要选排水良好的土壤。结果量大，容易进行种子繁殖，具有极强的无性繁殖能力。由于其铺散多分枝的特点，所以生长速度较快，是覆盖裸露地表的优选种。

　　婆婆纳具有凉血止血、理气止痛的功效。用于治疗吐血、疝气、睾丸炎、白带、凉血、小儿虚咳、阳痿、骨折等症。

9. 通泉草

Mazus pumilus（**N. L. Burman**）**Steenis**

　　为玄参科通泉草属一年生草本，高 3～30 cm。叶倒卵状匙形至卵状倒披针形，膜质至薄纸质，长 2～6 cm，顶端全缘或有不明显的疏齿，基部楔形。总状花序生于茎、枝顶端，筒状花冠，长约 10 mm，两片花瓣，基部淡紫色，其余白色，下唇中裂片较小，似萼片，淡紫色。花果期 4—10 月。采样于桂林市乌桕滩。

通泉草常生于山坡、水边及田野湿地上。在路边、草地和田间都能轻易见到。从它的名字便可以知道它是喜湿植物，据说有它的地方就会有水源。通泉草的花如蝴蝶般成片地开在草丛中，花虽小，却亮得显眼。可用于溪边、河边的地面绿化。当清晨露珠挂满大地的时候，通泉草的花朵格外透亮，人们可以迎着朝阳走在两边开满通泉草花的溪边小路上，听着潺潺的流水声，呼吸着沁人心脾的新鲜空气，远离城市的喧嚣，享受属于自己的安静时光。在潮湿地段，通泉草可以和草坪植物一起营造缀花草坪景观。

通泉草常生长于湿润的草坡、沟边、路旁及林缘。喜阳喜湿，所以适合开阔湿润的场地绿化。该植物成活率较高，自繁能力强，但对其他植物没有侵略性伤害。

通泉草具有止痛、健胃、解毒的功效。用于治疗偏头痛、消化不良。外用治疗疮、脓疱疮、烫伤。

10. 四方麻

***Veronicastrum caulopterum*（Hance）Yamazaki**

为玄参科腹水草属多年生直立草本，高达 1 m。全体无毛。茎多分枝，有宽达 1 mm 的翅。叶互生，从几乎无柄至有长达 4 mm 的柄，叶片矩圆形，卵形至披针形，长 3～10 cm，宽 1.2～4 cm。花序顶生于主茎及侧枝上，长尾状。花梗长不超过 1 mm。花萼裂片钻状披针形，长约 1.5 mm。花冠血红色、紫红色或暗紫色，长 4～5 mm，筒部约占总长的一半，后方裂片卵圆形至前方裂片披针形。蒴果卵状或卵圆状，长 2～3.5 mm。花期 8—11 月。采样于桂林市柘木镇。

四方麻长尾状花序生于主茎及侧枝的顶端，成丛成片种植时，紫红色的花序高低错落具有向上延伸的韵律感，十分美观。植株高度适中，适合做花境，可与其他草本植物或低矮灌木一起搭配用于路边、墙边或草坪边缘的绿化。

四方麻常生长于山谷草丛、沟边及疏林下。喜半阴环境。

四方麻具有清热解毒、消肿止痛的功效，用于治疗流行性腮腺

炎、咽喉肿痛、目赤、黄肿、肠炎、痢疾、淋巴结核、湿疹、烧烫伤、跌打损伤等症。

11. 紫云英

***Astragalus sinicus* L.**

为豆科黄耆属二年生草本，高 20～30 cm。匍匐多分枝。奇数羽状复叶，叶柄较叶轴短。托叶离生，小叶倒卵形或椭圆形，先端钝圆或微凹，基部宽楔形。总状花序，有花呈伞形，总花梗腋生，苞片三角状卵形，花梗短，花萼钟状，萼齿披针形，花冠紫红色，旗瓣倒卵形，瓣片长圆形。花期 2—8 月，果期 3—9 月。采样于桂林市乌桕滩。

　　紫云英在桂林田野里随处可见，农民们用它作为绿肥，因为它的根茎腐烂后会使土壤变得肥沃，对作物生长有帮助。所以春季3—4月到田野里可以看到农民种下的大片紫云英，非常美丽壮观。由此可见，种植紫云英可以改善贫瘠土壤，提高播种植物的成活率，使其茁壮成长。该植物除了做绿肥外在景观中可以形成花海，在潮湿地段也可以和草坪一起种植成缀花草坪。

　　紫云英常生长于山坡、溪边及潮湿处。喜光，喜湿。既是优质的绿肥植物和绿化植物又是重要的蜜源植物。

　　紫云英用于治疗喉痛咳嗽、带状疱疹、外伤出血等症，主要作用是清热解毒、利尿消肿、活血明目。

12. 铺地蝙蝠草

Christia obcordata（**Poir.**）**Bahn. F.**

　　为豆科蝙蝠草属多年生平卧草本，长 15～60 cm。茎与枝极纤细，被灰色短柔毛。叶通常为三出复叶，稀为单小叶，小叶膜质，顶生小叶多为肾形、圆三角形或倒卵形。总状花序多为顶生，每节生1花，花小，花萼半透明，5裂，裂片三角形，与萼筒等长，花冠蓝紫色或玫瑰红色，略长于花萼。荚果有荚节4～5个，完全藏于萼内。花期5—8月，果期9—10月。采样于桂林市雁山。

铺地蝙蝠草的叶子尖部较平或凹陷，且尖部宽度比基部宽很多，形似张开翅膀的蝙蝠，因而得名"蝙蝠草"。其叶片小巧玲珑，整株匍匐在地面或岩石上生长，具有一定的趣味性。花多为粉红色，生于顶端。由于该植物是平卧茎，可以任其生长不需修剪。它的叶形特殊，与其他低矮草本种植在一起可以形成明显的对比。可作为草地、石板路边、矮墙等绿化点缀。

铺地蝙蝠草常生长于旷野草地、荒坡及丛林中，对土壤要求不严。耐贫瘠，耐干旱，适应性和抗逆性强，不需修剪，易管理。

铺地蝙蝠草具有利水通淋、散瘀、解毒的功效。用于治疗小便淋痛、水肿、吐血、咳血、跌打损伤、疮疡、疥癣、蛇虫咬伤等症。

13. 紫堇

Corydalis edulis Maxim.

为罂粟科紫堇属一年生草本，高可达50 cm。茎分枝，具叶。花枝花葶状，常与叶对生。基生叶具长柄，叶片近三角形，上面绿色，下面苍白色，羽状全裂。总状花序，花筒状横向斜生，花梗生于花腹部，花有粉红色、淡紫色。花期 3—4 月。采样于桂林市阳朔石头城。

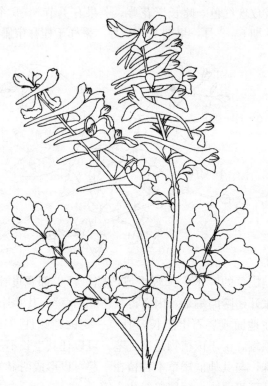

　　紫堇生于乡间田埂、丘陵、沟边或多石地。花朵密集，色彩淡雅，极易呈现景观效果。花茎抽起半尺高，上面斜挂着一串筒状紫红色小花。每年 1 月以后，随着天气慢慢回暖，会从地下抽出小苗，之后迅速生长，并在每年 3 月，迎来盛花期，是营造春意盎然的优质草本花卉。由于其植株稍高，所以不适合做缀花草坪植物，但可以和其他低矮植物组成花境；还可以片植形成林下花海，阳光散射下来，具有斑驳陆离的景观效果。

　　紫堇分布较为广泛，山沟溪边、林缘、宅畔墙基和乡间田野均有分布。喜温暖湿润环境，宜在水源充足、肥沃的沙质壤土中种植。种子繁殖萌芽率高，易管理。是庭园、公园绿化的优质品种。

紫堇具有清热解毒，杀虫止痒的功效。

14. 蛇含委陵菜

***Potentilla kleiniana* Wight et Arn.**

为蔷薇科委陵菜属一年生、二年生或多年生宿根草本。多须根。聚伞花序密集枝顶如假伞形，花梗长 1～1.5 cm，密被开展长柔毛，下有茎生叶如苞片状，花瓣黄色，倒卵形，顶端微凹，长于萼片。瘦果近圆形，一面稍平，直径约 0.5 mm，具皱纹。花果期4—9月。采样于桂林市阳朔杨堤。

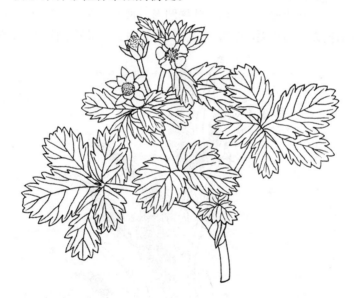

蛇含委陵菜的叶、花、果均有较高观赏价值。植株低矮、枝叶茂密、绿期长、生长迅速、地面覆盖性好，加上抗逆能力强，管理粗放简单，无须修剪，是节约型园林绿地建设中不可多得的乡土地被植物材料，有着广泛的应用前景。作为护坡绿化，具备良好的基础条件，在坡地能表现出极强的生命力，即使在坡度达到90°的直立坡上也能正常繁衍，且生长良好。

蛇含委陵菜常生长于田边、水旁、草甸及山坡草地。既喜光又耐阴，抗寒。喜阳光充足、温暖湿润的环境，但又极耐干旱与贫瘠。对气候的适应性较强，在高山、平坝都可生长，以地势向阳、较肥沃、潮湿的夹沙土生长较好。

蛇含委陵菜具有清热、解毒、止咳、化痰的功效。捣烂外敷可治疮毒、痛、肿及蛇虫咬伤。

15. 石韦

Pyrrosia lingua (**Thunb.**) **Farwell**

为水龙骨科石韦属多年生草本，高 10～30 cm。根茎长而横走。根出叶，披针形，革质，表面绿色，背面棕黄色，秋季背面上部密生孢子囊，叶片披针形至卵圆状椭圆形，长 8～20 cm，宽 2～5 cm，基部渐狭，先端渐尖，全缘，中脉及侧脉明显。采样于桂林市龙脊。

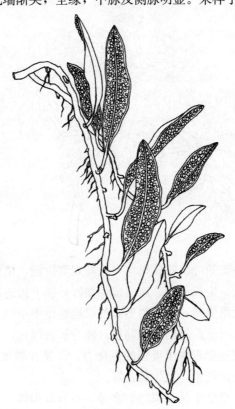

石韦株形小巧，叶形别致，生长密集，叶子正反两色，是园林绿化中良好的观叶植物。可用作林下地被植物，也可让其附生于岩石和树干上形成苍翠茂盛的森林景观效果。由于石韦的根状茎可以附生于岩石的特性，可以用于墙垣和假山置石的绿化装饰。

石韦常生于林下、墙垣或附生于山坡岩石上和林下树干上。从其生境条件看，对土壤的要求不严，喜阴湿环境，但有散射光的地方也能生长良好。由于石韦是根生叶，所以植株看起来密集整齐，且易管理。石韦根茎横生，不会深入土壤，所以不会影响乔灌木的生长。

石韦具有利水通淋、清肺泄热的功效。用于治疗淋痛、尿血、尿路结石、肾炎、痢疾、肺热咳嗽、慢性气管炎等症。

16. 过路黄

***Lysimachia christinae* Hance**

为报春花科珍珠菜属多年生草本，长 20～60 cm。茎匍匐，平卧延伸。叶对生，卵圆形、近圆形以至肾圆形。花单生叶腋，花梗较短，花冠黄色，5 瓣，长 1～2 cm，花柱长 6～8 mm。花期 4—7 月。采样于桂林市尧山。

过路黄可作为色块，与绿地或其他颜色花卉形成色带。也可以与酢浆草、紫花地丁、蛇莓等搭配做地被绿化。叶对生，从顶部看呈十字状，花也是两两相对，常偶数个簇生于顶端。金黄色的小花虽然很小但很密集，成片种植时一片金黄，非常耀眼，覆盖力极强。4 月下旬开始开花，能持续到 7 月，花期较长。由于其茎匍匐生长，所以植株较矮，无须修剪，是优良的地被植物。适合用于草坡绿化、林下绿化或种植在小河边。

过路黄常生长于较阴湿的山坡、林下、路旁或小河边，喜温暖、阴凉、湿润环境，不耐寒，适宜肥沃疏松、腐殖质较多的沙质壤上。

过路黄中药名为金钱草，用于治尿路结石、胆囊炎、胆结石等症。外敷治火烫伤及化脓性炎症。本种为民间常用草药，功能为清热解毒、利尿排石。

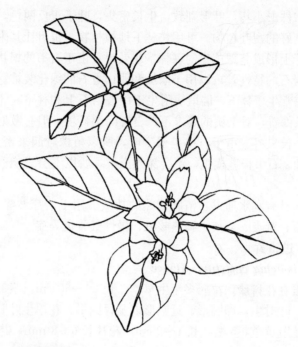

17. 广西过路黄

Lysimachia alfredii **Hance**

为报春花科珍珠菜属多年生草本，高 10～45 cm。茎簇生，直立或有时基部倾卧生根。叶对生，茎下部的较小，常成圆形；上部茎叶较大，茎端的 2 对间距很短，密聚成轮生状，叶片卵形至卵状披针形。总状花序顶生，缩短成近头状，花冠黄色。花期 4—5 月，果期 6—8 月。采样于桂林市尧山。

该植物叶片较大，两两对生，从上部看四片大叶子中间是密集的花序，所以又称"四叶一枝花"。花瓣上部金黄色，根部红色，非常漂亮。成片成丛种植时，黄色花朵星星点点，在绿色叶片的衬托下，分外鲜亮。该植物覆盖力较强又不失美感，且植株较矮，在园林绿化中适合做地被植物，可用于公园、庭园、居住区的路边、林下、墙垣等地的绿化。

广西过路黄生活力较强，常生长于山谷路边、沟旁、林下和灌

丛中。喜湿润环境，有散射光条件下生长较好，喜腐殖质土壤。

广西过路黄具有清热利湿、排石通淋的功效；用于治疗黄疸型肝炎、痢疾、热淋、石淋、白带等症。

18. 裂果薯

***Tacca plantaginea*（Hance）Drenth**

为蒟蒻薯科裂果薯属多年生草本。根状茎粗厚，短而弯曲。叶片薄纸质，宽披针形或长圆状披针形，长 10～25 cm，宽 3～4 cm，顶端渐尖，基部楔形，稍下延。花葶长 10～22 cm，伞形花序，常有花 6～8 朵，花被裂片淡绿、青绿、淡紫或暗色。蒴果椭圆状球形。花果期 5—8 月。采样于桂林市会仙马头塘村。

裂果薯主要的观赏部位是叶片，叶大而光亮，伸展且柔韧度强。清风拂过，叶片随之舞动，婀娜多姿，动人心扉。该植物株高20～30 cm，属于矮生植物，无须修剪。喜阴，可作为地被植物与其他喜阴植物一起种于林下，丰富林下绿化层次；由于株型紧凑矮小，也可以做盆栽，用于花箱、花台、阳台绿化等。

裂果薯常生长于沟边、林中、路边、山谷、山坡溪边、水边、水边湿润地、田边潮湿地。喜阴湿环境，不耐旱。

裂果薯的根具有凉血止痛、散瘀消肿、去腐生新的功效，用于治疗慢性胃脘痛胀、咽喉痛、风热咳喘、牙痛等症。外用于跌打损

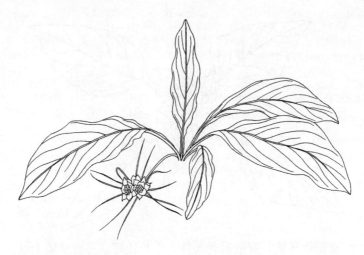

伤、疮疡肿毒、毒蛇咬伤。叶用于无名肿毒。

19. 紫花地丁

Viola philippica Cav.

为堇菜科堇菜属多年生草本，高 4～14 cm。无地上茎。叶多数，基生，莲座状，下部叶片通常较小，呈三角状卵形或狭卵形，上部叶片较长，呈长圆形、狭卵状披针形或长圆状卵形。花中等大小，紫堇色或淡紫色，带有紫色条纹。花期 2—11 月。采样于桂林市雁山。

桂林田间野生的紫花地丁叶片宽大，植株低矮，是具有适度自播能力的地被植物，成活率高，可大面积种植。将其种植于草坪中作为点缀，开花时成片的紫色小花增加草坪的观赏效果；也可以种植在墙垣、石缝中；还可以作为林下地面绿化。由于花期长、花色艳丽也可以在广场、平台布置的花坛、花境中使用。在园路两旁、假山石上作点缀，给人以亲切的自然之美。另外，将其种植于溪边、林间小路旁，可以给景观增添自然趣味。该植物返青早、观赏性高，是很好的园林绿化植物。

紫花地丁常生长于田间、荒地、山坡草丛、林缘或灌丛中。分布范围广，适应性、抗逆性强，萌芽率高，容易栽培，管理

简单。

紫花地丁的幼苗或嫩茎采下，用沸水焯一下，换清水浸泡后炒食、做汤、和面蒸食或煮菜粥均可。紫花地丁具有清热解毒，凉血消肿的功效。

20. 斑叶堇菜

Viola variegata Fisch ex Link

为堇菜科堇菜属多年生草本，高 3～12 cm。根茎通常短而细。叶均基生，呈莲座状。叶柄长短不一，托叶淡绿色或苍白色，近膜质，披针形，叶片圆形或卵圆形，先端圆或钝，基部明显呈心形，边缘具平而圆的钝齿，上面绿色或偏紫红色，沿叶脉有明显的白色斑纹，下面通常稍带紫红色，两面通常密被短粗毛。花红紫或暗紫色，下面通常色较淡，花瓣倒卵形。蒴果椭圆形，幼果球形通常被短粗毛。花期4—8月，果期6—9月。采样于桂林市尧山。

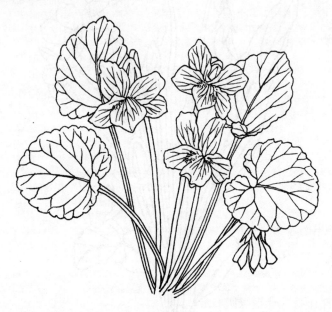

斑叶堇菜叶片圆润可爱，泛着暗红色光泽，叶脉白色且明显，是很好的彩叶植物。株型矮小，叶基生且密集，姿态秀美，花型别致，易于蔓延扩展，覆盖能力强。可成片种于林下，或者与其他喜阴植物搭配种植于林下作为地被植物；也可与假山置石搭配种植；还可以盆栽用于阳台绿化。

斑叶堇菜常生长于山坡草地、林下、灌丛中或荫蔽处岩石缝隙中。性喜阴，喜疏松、有机质丰富、排水好的土壤。

斑叶堇菜具有清热解毒、凉血止血的功效。可用于治疗痈疮肿毒、创伤出血。

21. 活血丹

Glechoma longituba (Nakai) Kupr.

为唇形科活血丹属多年生草本。具匍匐茎，逐节生根。茎高

10～30 cm，四棱形，基部通常呈淡紫红色。叶草质，下部叶较小，叶片心形或近肾形；上部叶较大，叶片心形。花冠淡蓝、蓝至紫色，下唇具深色斑点，冠筒直立，上部渐膨大成钟形，有长筒与短筒两型。花期4—5月，果期5—6月。采样于桂林市马家坊村。

　　活血丹叶片嫩绿圆润似铜钱，所以又叫铜钱草。叶脉较多且凹陷，叶表多皱缩，在阳光的照射下泛着光亮。株型低矮，性耐阴，生长密集，成片种植观赏效果极佳。活血丹可以用作护坡、花境、林荫下、草坪等。由于其根系浅繁殖能力强也可用于屋顶荫蔽处绿化、桥梁下绿化，是优秀的地被植物；也可以作盆栽用于庭园荫蔽处悬挂观赏。

　　活血丹常生长于林缘、疏林下、草地中、溪边等阴湿处。对土壤要求不高，疏松、肥沃、排水良好的沙质壤土最适合它生长。

　　活血丹具有利湿通淋、清热解毒、散瘀消肿的功效。可用于治疗石淋、湿热黄疸、疮痈肿痛等。

22. 元宝草

Hypericum sampsonii Hance

为藤黄科金丝桃属多年生草本，高 0.2～0.8 m。全体无毛。

茎单一或少数，圆柱形，上部分枝。叶对生，无柄，其基部完全合生为一体而茎贯穿其中心，或宽或狭的披针形至长圆形或倒披针形。花序顶生，多花，伞房状，连同其下方常多达 6 个腋生花枝，整体形成一个庞大的疏松伞房状至圆柱状圆锥花序，花瓣淡黄色，椭圆状长圆形。蒴果宽卵球形或卵球状圆锥形。花期 5—6 月，果期 7—8 月。采样于桂林市阳朔。

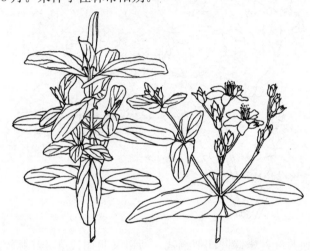

元宝草的名字源于它的叶片，由于其叶片对生且基部合为一体，叶尖圆润，形似元宝，因此而得名"元宝草"。叶片黄绿色，从顶部看呈十字对生，和金丝桃相似。上部分枝，花集中在枝端，花金黄色，蕊长，比金丝桃的花小。植株较矮，叶片独特。可种植于水边、路边或墙边；也可做花境。

元宝草常生长于山坡草丛中或野外路旁阴湿处。喜光也稍耐阴，喜湿不耐旱，喜中性土壤。

元宝草具有凉血止血、清热解毒、活血调经、祛风通络的功效。外用可治头癣、口疮。

23. 赤车

Pellionia radicans （Sieb. et Zucc.）Wedd.

为荨麻科赤车属多年生草本。茎下部卧地，偶尔木质，在节处生根，茎斜生，高 30～40 cm。叶互生，叶片斜长椭圆形或斜倒卵状长椭圆形，先端尖锐，带尾状，基部半圆形，叶片草质。采样于桂林市尧山。

　　赤车叶片光亮，由于叶脉背面突起，正面凹陷，加上叶脉的不规则分布，显得整个叶片凹凸不平，也正因为如此，成片的赤车会给人波光粼粼的视觉效果。该植物多生于溪边和树荫下，喜阴湿环境，加上其光亮的叶片，总是给人湿漉漉的感觉。在园林中赤车适合用于树荫下和背光面的潮湿地、水池边、小溪边、瀑布旁等绿化。

　　赤车常生长于溪谷间阴湿地、林下、沟边。喜潮湿和荫蔽环境。

　　赤车具有祛瘀、消肿、解毒、止痛的功效。用于治疗挫伤肿痛、牙痛、毒蛇咬伤。

24. 土人参

***Talinum paniculatum*（Jacq.）Gaertn.**

　　为马齿苋科土人参属一年生或多年生草本，高可达 1 m。主根圆锥形，茎直立，肉质。叶互生或近对生，叶片稍肉质，倒卵形或

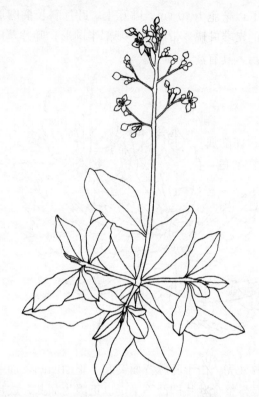

倒卵状长椭圆形，顶端急尖，有时微凹，具短尖头，基部狭楔形，全缘。圆锥花序顶生或腋生，花小，总苞片绿色或近红色，圆形，苞片膜质，披针形，顶端急尖，萼片卵形，紫红色，早落，花瓣粉红色或淡紫红色。蒴果近球形，种子多数，扁圆形。花期6—7月，果期9—10月。采样于桂林市龙脊。

土人参叶面光亮嫩绿，叶片生长紧凑有序。花为粉红色，数朵生于顶端。果为深红色，常花果同在，呈现深浅不一的效果，具有较高的观赏价值。可作为花境或墙垣绿化，适合庭园、公园、校园等绿化。

土人参常生长于山坡、水边，喜温暖、湿润的气候，不耐寒，喜光耐阴，对日照要求不严。抗逆性强，耐贫瘠，适应各种土壤。

但湿润、中等以上肥力的沙质土壤最好。

土人参的嫩茎叶脆嫩、爽滑可口，可炒食或做汤。根可凉拌，或与肉类炖汤，具有清热解毒的功效，对气虚乏力、脾虚泄泻、肺燥咳嗽等有一定疗效。

25. 商陆

Phytolacca acinosa Roxb.

为商陆科商陆属多年生草本。茎直立，圆柱形，有纵沟，肉质，绿色或红紫色，多分枝。叶片薄纸质，椭圆形或长椭圆形，顶端急尖或渐尖，基部楔形，渐狭。总状花序顶生或与叶对生，圆柱状，直立，密生多花，花白色。浆果扁球形，未熟时绿色，成熟时紫黑色。花期 6—8 月，果期 8—10 月。采样于桂林市雁山。

商陆的果实成串，且果期较长，具有一定的观赏价值，可和其他灌木一起做灌木层绿化。除了有观赏价值以外，商陆可作为肥田的绿肥，其肥效比其他植物显著，特别是在改善南方瘠薄的红壤土方面效果显著。该植物还有着很好的保水保土作用，被称为红壤荒地的先锋绿肥。可将商陆种于林下或坡地，保水固土，增加肥力。

商陆生活力强，常生长于山脚、林间、路旁、河边及房前屋后。喜温暖湿润的气候条件，耐寒不耐涝，地上部分在秋冬落叶时枯萎，而地下的肉质根能耐低温。对土壤的适应性广，不论是沙土还是红壤土，不管土壤肥沃还是瘠薄，都能长得枝繁叶茂。

商陆有两种，茎紫红者有毒，不能食用，而绿茎商陆嫩苗是一种优质的野生森林蔬菜。友情提醒：若是分不清有毒者和无毒者，建议不要食用。根入药，以白色肥大者为佳，红根有剧毒，仅供外用。治水肿、胀满、脚气、喉痹等症。外敷治痈肿疮毒。也可作兽药及农药。

26. 花魔芋

***Amorphophallus konjac* K. Koch**

为天南星科魔芋属多年生草本。块茎扁球形，直径 7.5～25 cm，顶部中央多少下凹，暗红褐色。叶柄长 30～100 cm，基部粗 3～5 cm，叶片 3 全裂，裂片 2～3 回羽状深裂。肉穗花序直立，长于佛焰苞，花序柄长 40～60 cm，粗 1.5～2 cm，色泽同叶柄。浆果球形或扁球形，成熟时黄绿色。花期 4—6 月，果 8—9 月成熟。采样于桂林市马家坊村。

花魔芋不仅花大奇特，叶也具有极高的观赏价值。叶片宽大，2～3 回羽状复叶伸展似掌状，叶脉密集排列整齐。整株叶片集中在上部，下部树干光滑无枝叶。可作为林下灌木层树种。花魔芋可用于公园、度假区、居住区等场所的绿化，要注意栽种位置，不要种植在随手可及的地方，因为该植物有毒，以免误食。

花魔芋常生长于疏林下、林缘或溪谷两旁湿润地。喜土层深厚、肥沃、疏松的微酸性沙壤土以及半阴半阳的避风阴凉地。

花魔芋虽有毒，但块茎可加工成魔芋豆腐及其他食品供疏食，具有解毒消肿、消饱胀和润肠通便，也是很好的保健、美容食品。魔芋中毒后，舌、喉灼热、痒痛、肿大。民间用醋加姜汁少许，内服或含服，可以解救。

27. 三白草

Saururus chinensis（Lour.）Baill.

为三白草科三白草属多年生湿生草本，高 50～100 cm。茎粗壮，有纵长粗棱和沟槽，下部伏地，常带白色；上部直立，绿色。叶纸质，密生腺点，阔卵形至卵状披针形，顶端短尖或渐尖，基部心形或斜心形，茎顶端的 2～3 片叶子常为白色，呈花瓣状。花序白色。果近球形，表面多疣状凸起。花期 4—6 月。采样于桂林市会仙湿地。

三白草叶片心形，叶脉规整明显且有韵律地从叶基到叶尖。由于茎顶的三个叶片在植株开花时，会呈现出白色，所以被称为"三白草"。成片种植效果更佳，远远望去如同开着白色的花朵，十分显眼。三白草性喜水，喜光，可用于岸边和水边绿化，在浅水中也能生长。可用于湿地公园、池塘、溪水边等绿化。

三白草常生长于沟边、塘边或溪旁。喜温暖湿润气候，耐阴。

凡塘边、沟边、溪边等浅水处或低洼地均可栽培。

三白草具有清热解毒、利尿消肿的功效。用于治疗小便不利、尿路感染、肾炎水肿等。外用治疮疡肿毒、湿疹。

28. 半边莲

Lobelia chinensis Lour.

为桔梗科半边莲属多年生草本。茎细弱，匍匐，节上生根，分枝直立，高 6～15 cm，无毛。叶互生，无柄或近无柄，椭圆状披针形至条形。花冠浅紫色、粉红色或白色。花果期 5—10 月，采样于桂林市龙脊。

半边莲株型矮小，但根系发达，可匍匐地面快速扩展蔓延，覆

盖力强。叶片嫩绿密集，花粉红色，小巧精致，花型奇特，似莲花但只有一半，另一半好像被人割掉了一样，所以被称为"半边莲"。由于其喜湿，所以适合种在向阳的水边或潮湿环境。可用于草地、溪边、湿地等绿化。

半边莲常生长于田埂、草地、沟边、溪边潮湿处。喜潮湿环境，稍耐轻湿干旱，耐寒，可在田间自然越冬。人工种植以沟边、河滩较为潮湿处为佳，土壤以沙质土壤为好。

半边莲具有清热解毒、利尿消肿之效，可治毒蛇咬伤、肝硬化腹水、晚期血吸虫病腹水、阑尾炎等。

29. 大旗瓣凤仙花

Impatiens macrovexilla **Y. L. Chen**

为凤仙花科凤仙花属一年生草本，高 30～40 cm。全株无毛，茎肉质，直立，叶互生，叶片膜质，上面深绿色，下面淡绿色。总花梗单生于上部叶腋，稀单花。花紫色或玫红色，旗瓣大，扁圆形或肾形，子房纺锤状。蒴果长圆形，种子球形多数。花期4—8月。

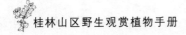

采样于桂林市马家坊村。

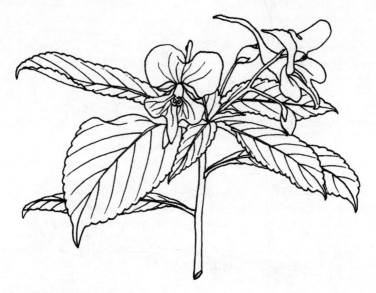

大旗瓣凤仙花花型奇特，花如其名。开花时间长，古代时人们已经关注其观赏价值。花多为粉红色，上半部分半圆形旗瓣，比寻常凤仙花要大；下半部分两片花瓣如同凤尾蝶的两扇翅膀，上面还有鲜艳的黄色斑点以及暗紫色条纹。从侧面看，凤仙花犹如娇俏的小鹤，因为它的后面有长而尖的花距，如同仙鹤细长的脖颈。它的花梗纤细，像杂技演员，找到重心的支撑点，任凭风吹雨打，它都安然无恙。大旗瓣凤仙花无论是单株种植还是成片种植都很美观。适合种于林下、屋后等阴凉处。

大旗瓣凤仙花常生长于山谷阴处、林下或路边草地。性喜阴，喜疏松肥沃、排水良好的腐殖质土。

30. 翠云草
Selaginella uncinata (Desv.) **Spring**

为卷柏科卷柏属多年生草本。茎伏地蔓生，极细软，分枝处常生不定根，多分枝。小叶卵形，孢子叶卵状三角形。叶色呈蓝绿色，其主茎纤细，呈褐黄色，分生的侧枝着生细致如鳞片的小叶。

其羽叶细密，且会发出蓝宝石般的光泽。采样于桂林市会仙马头塘村。

　　翠云草茎伏地蔓生，多分枝，是很好的林下地被植物。特别是在荫蔽的环境，叶色呈蓝绿色，就像翠鸟羽毛的颜色，特别美丽。由于茎枝具匍匐性，做吊盆时柔软悬垂，极具美感；也可种植于水景边、潮湿荫蔽处。该植物姿态秀丽，蓝绿色的光泽使人赏心悦目，是极好的地被植物。也适于盆栽观赏，或在种植槽中成片栽植效果更佳，还是理想的兰花盆面覆盖材料。

　　翠云草常生长于多腐殖质土壤或溪边阴湿杂草中以及岩洞内、湿石上或石缝中。喜温暖湿润的半阴环境。

　　翠云草具有清热利湿、止血、止咳的功效。用于治疗急性黄疸型传染性肝炎、胆囊炎、肠炎、痢疾、肾炎水肿、泌尿系感染、风湿关节痛、肺结核咯血。外用治疗疖肿、烧烫伤、外伤出血、跌打损伤。

31. 白花丹

Plumbago zeylanica L.

为白花丹科白花丹属多年生蔓生亚灌木状草本，高 2～3 m。茎细弱，基部木质，多分枝，有细棱。单叶互生，叶柄基部扩大而抱茎，叶片纸质，叶薄，卵圆形至卵状椭圆形，全缘。穗状花序顶生或腋生。花冠白色或白而略带蓝色，高脚碟状，管狭而长，花期 10 月至翌年 3 月，果期 12 月至翌年 4 月。采样于桂林市马家坊村。

　　白花丹叶薄如纸，柔软光亮，特别是 4—5 月间，新芽展露，黄绿色，闪着光亮。花白色，花冠管狭长。由于花是陆续开放，所以看上去显得稀薄，但在嫩绿色叶子的衬托下显得洁白如玉。适合山坡绿化、河岸绿化、高速公路两边绿化等，营造生机勃勃、春意盎然的景观效果。

白花丹常生长于阴湿处或半遮阴的地方，多见于阴湿的小沟边、村边路旁旷地以及河边、江边的树荫下。适宜温暖湿润的环境，对土壤要求不严，以深厚、肥沃、疏松、黏性大的土壤比较好。易于栽培。

白花丹具有祛风、散瘀、解毒、杀虫的功效。用于治疗风湿关节疼痛、血瘀经闭、跌打损伤、疥癣。有毒不能食用，孕妇禁服。皮肤与其叶、根液接触引起红肿、脱皮。解救方法：皮肤中毒可用清水或硼酸水洗涤。如糜烂时用硼酸软膏敷患处，严重时需及时就医。

32. 黄蜀葵

Abelmoschus manihot（**L.**）**Medicus**

为锦葵科秋葵属一年生或多年生草本，高 1～2 m。疏被长硬毛。叶掌状 5～9 深裂，直径 15～30 cm，裂片长圆状披针形，长 8～18 cm，宽 1～6 cm，具粗钝锯齿，两面疏被长硬毛。萼佛焰苞状，5 裂，近全缘。花大，淡黄色，内面基部紫色，直径约 12 cm。雄蕊柱长 1.5～2 cm，柱头紫黑色。蒴果卵状椭圆形，长 4～5 cm，被硬毛。花期 8—10 月。采样于桂林市尧山。

黄蜀葵花大色美，淡黄色的花瓣和基部的深紫色脉纹对比强烈，引人注目。8～9 月是盛花期，硕大的黄色花朵挂满枝头，非常夺目。色淡不失艳丽，清雅浪漫。可用作花境、花海和路边绿化。是庭园、公园、旅游场所绿化的优质材料。

黄蜀葵常生长于山谷草丛、田边或沟旁灌丛间。喜温暖、雨量充足、排水良好和疏松肥沃的土壤，怕涝。

黄蜀葵具有清热解毒、润燥滑肠的功效。种子用于治疗大便秘结、小便不利、水肿、尿路结石、乳汁不通等症。根、叶外用治疗腮腺炎、骨折、刀伤。花朵浸菜油外用治烧烫伤。不仅可以入药，还可以从茎秆中提炼植物胶作为食品添加剂，在食品工业中可用做

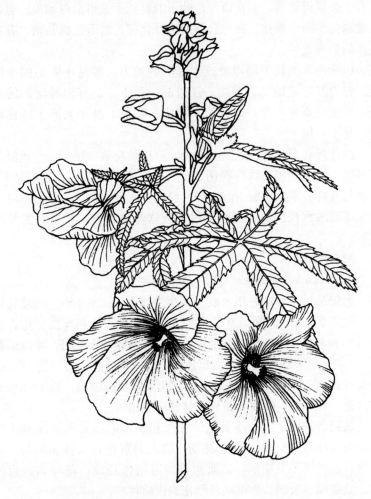

增稠剂、稳定剂和乳化剂。可用于冰激凌、雪糕、冰棍、面包、饼干、糕点、果酱等食品的制作中。

33. 牛耳朵

***Chirita eburnea* Hance**

为苦苣苔科唇柱苣苔属多年生草本。具粗根状茎。叶均基生，肉质。叶片卵形或狭卵形，全缘。聚伞花序 2~6 条，不分枝或一

回分枝，每花序有 2～13 花。苞片 2，对生，卵形、宽卵形或圆卵
形。花冠紫色或淡紫色，有时白色，喉部黄色，花期 4—7 月。采
样于桂林市会仙湿地龙山洞穴口的岩石上。

　　牛耳朵叶片翠绿，四季常青，花朵美丽，花期长，盆栽观赏效
果极佳；还可以用于阳光稀少处的露地花坛及疏林下作地被植物。
叶片脆嫩，不耐践踏，在进行露地栽培时需设防护栅栏保护，防止
人畜机械损伤。株型矮小且叶片肉质，是阳台、屋顶花园和庭园绿
化的优质材料。

　　牛耳朵常生长于石灰山林中的石上或沟边林下。喜温暖湿润的
环境，喜阴，忌阳光暴晒。繁殖速度快，易管理。

　　牛耳朵具有补虚、止咳、止血、除湿、解毒的功效。外用于外

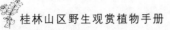

伤出血、痈疮。

34. 狗肝菜

***Dicliptera chinensis* (L.) Juss.**

为爵床科狗肝菜属一年生或多年生草本植物，高 30～80 cm。茎外倾或上升，具 6 条钝棱和浅沟，节常膨大膝曲状，近无毛或节处被疏柔毛。叶卵状椭圆形，纸质，深绿色。花序腋生或顶生，由 3～4 个聚伞花序组成，少数花。总苞片阔倒卵形或近圆形，稀披针形，大小不等。花冠淡紫红色，2 唇形，上唇阔卵状近圆形，全缘，有紫红色斑点；下唇长圆形。花期 10—11 月。采样于桂林市柘木镇。

狗肝菜的叶和苞片都具有观赏价值，叶片深绿，叶脉清晰且整齐排列。苞片长得非常奇特，大小不一，基部聚拢在一起，形态更像花，十分美观。茎细软，植株低矮，适合成片种植于林下，微风吹过，茎叶随风摇摆，十分灵动。

狗肝菜常生长于疏林下、溪边、村旁、路边及水沟边阴湿处。喜半阴潮湿环境。

狗肝菜具有清热解毒、凉血利尿的功效。常用于治疗感冒高热、风湿性关节炎、眼结膜炎、小便不利等症。外用治疗带状疱疹、疖肿。狗肝菜是可食用蔬菜，采摘其嫩茎叶与瘦肉煮汤，具有清肝热、散肝火的功效。

35. 忽地笑

Lycoris aurea（L'Her.）Herb.

为石蒜科石蒜属多年生草本。鳞茎卵形，直径约 5 cm。秋季出叶，叶剑形，长约 60 cm，最宽处达 2.5 cm，向基部渐狭，顶端渐尖，中间淡色带明显。花茎高约 60 cm。总苞片 2 枚，披针形，长约 35 cm，宽约 0.8 cm。伞形花序有花 4～8 朵，花黄色，强度反卷和皱缩，花丝黄色，花柱上部玫瑰红色。蒴果具三棱，室背开裂。花期 8—9 月，果期 10 月。

忽地笑花型独特，色彩艳丽，花葶健壮，花茎长。秋季开花，无叶，亭亭玉立。花落后叶子开始长出地面，叶片较长，舒展美观。夏季是忽地笑的休眠期，无花也无叶。在园林中，可做林下地被花卉，作为花境植物丛植或在山石间自然式栽植。因其开花时光叶，所以应与其他较耐阴的草本植物搭配种植。可用于公园、广场等公共场所绿化。

还有一种开红色花的叫石蒜，俗称彼岸花，这个名字因其花叶两不相见而得名，又因其花艳丽妖娆，因此被赋予了很多的神秘色彩和故事。忽地笑和石蒜的花形态相似，但石蒜的花蕊比忽地笑的要长。叶形也不同，忽地笑的叶子较大，剑形，顶端渐尖；彼岸花的叶子较短，窄带状，叶尖圆钝。

忽地笑常生长于阴湿山坡、石崖下面或溶洞口阴湿处。喜潮湿环境，但也能耐半阴和干旱环境，稍耐寒，生命力颇强，对土壤无严格要求，如土壤肥沃且排水良好，则花朵格外繁盛。

忽地笑全株含石蒜碱等，是用于制药的原料，具有祛痰、催

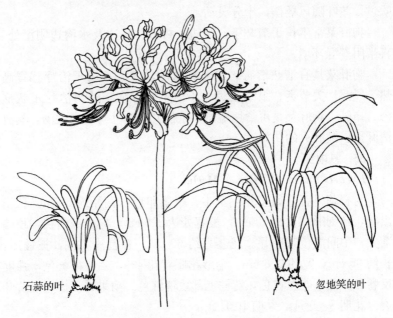

石蒜的叶　　　　　　　　　　　　　　　　忽地笑的叶

吐、消肿止痛、利尿等功效。但其有大毒，慎用。其中，鳞茎为提取加兰他敏的原料，可治疗小儿麻痹后遗症。

（二）灌木类野生观赏植物

1. 桃金娘

***Rhodomyrtus tomentosa*（Ait.）Hassk.**

为桃金娘科桃金娘属常绿灌木，高可达 2 m。叶对生，革质，椭圆形或倒卵形；花常单生，粉红色。浆果卵状壶形，熟时紫黑色。春季花开，绚丽多彩，花朵密集，边开花边结果。花期 4—5 月，果期 5—10 月。采样于桂林市雁山。

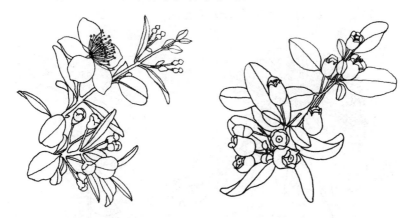

桃金娘株形紧凑，四季常青，花果丰硕，均可观赏。花初开时白色，逐渐变成粉红色，红白相间，十分艳丽，花期较长。果先青而黄，黄而赤，赤而紫。挂果累累，像一个个缩小版的酒杯。园林绿化中可用其列植、丛植、片植或孤植点缀绿地；也可和其他灌木一起搭配种植，都可收到较好的景观效果。枝干韧性强，可以在园林绿化中大量种植，是优良的观花观果植物，是用于园林绿化、生态环境建设的优质常绿灌木。

桃金娘常生长于丘陵坡地、灌木丛中。喜红黄壤土，为酸性土指示植物。生长迅速，耐贫瘠，抗逆性强，耐修剪。

桃金娘的果实可泡酒，桂林本地人称为桵子酒，也可直接食用，味道甜美。初秋 9 月，是桃金娘果开始成熟的时节，要熟到紫得发黑的时候最好吃，生津止渴，回味甘甜，但不宜多吃，多食易便秘。桃金娘具有养血止血、涩肠固精的功效。用于治疗血虚体弱、吐血、劳伤咳血、便血、遗精、痢疾、脱肛、烫伤、外伤出血等症。

2. 轮叶蒲桃

***Syzygium grijsii* (Hance) Merr. et Perry**

为桃金娘科蒲桃属常绿灌木，高 1.5 m 以下。嫩枝纤细，有 4 棱。叶片革质，细小，常三叶轮生。聚伞花序顶生，花丝较多，绒球形，白色。果实球形较小，由绿色逐渐变红至黑色。花期 5—6 月，果期 7—11 月。采样于桂林市尧山。

轮叶蒲桃树体矮小，冠形规则紧凑，叶片细小有光泽，嫩叶红色，具有彩叶效果。红色嫩叶随着叶片的成熟慢慢变为绿色，但由于轮叶蒲桃有多次抽梢的习性，自早春起至有冻害发生前，新梢几乎不间断地抽发，所以其嫩叶彩色效果也可持续很长的时间，具有较高的观赏价值。由于其植株矮小，枝叶密集，且有花有果，是很好的绿篱植物材料。在桂林周边的山上均有野生种分布。可以作为广场绿篱；也可作为道路下层绿化、墙垣绿化等。

轮叶蒲桃常生长于丘陵地带的林下及灌木丛中。数量较多且分布广泛。耐修剪，病害少，适应性强，易栽培，易管理，是难得的集观赏性和环境适应性于一体的优良灌木资源。

轮叶蒲桃的叶可解毒敛疮、止汗，用于治疗烫伤、盗汗。

3. 火棘

Pyracantha fortuneana（Maxim.）Li

为蔷薇科火棘属常绿灌木，高达 3 m。嫩枝外被锈色短柔毛，老枝暗褐色。叶片倒卵形或倒卵状长圆形，先端圆钝或微凹，有时具短尖头，基部楔形，边缘有钝锯齿，近基部全缘。花集成复伞房花序，花瓣白色，近圆形。果实近球形，橘红色或深红色。花期3—5 月，果期 8—11 月。采样于桂林市尧山。

火棘花繁果多，果实初绿后黄，成熟时红色，密集的红果几乎可遮盖住枝条及叶片，且整个冬季不落，观果期长达 5 个多月。该植物极耐修剪，修剪后仍花果繁盛，非常适合做绿篱和树球景观；也适合用作护坡绿化和道路两边的绿化，红彤彤的火棘果非常醒目，可以给冬天增添艳丽色彩，使人在寒冷的冬天里有一种温暖的感觉。用其做园林造景材料，具有良好的滤尘效果，对二氧化硫有很强的吸收和抵抗能力。一般城市绿化的土壤较差，建筑垃圾不能得到很好地清除，火棘在这种较差的环境中仍能生长良好，抗逆性强，病虫害也少，只要勤于修剪，当年栽植的绿篱当年便可形成景观。

火棘常生长于山坡、灌丛中以及岩石旁。喜光照充足和温暖湿润的气候环境。根系发达，抽枝快，生长迅速，耐修剪，耐贫瘠，抗干旱，耐寒。对土壤要求不严。

火棘果具有消积止痢、活血止血的功效。叶具有清热解毒的功效，外敷治疮疡肿毒。果实含有丰富的有机酸、蛋白质、氨基酸、维生素和多种矿质元素，可鲜食，也可加工成各种饮料。

4. 蓬蘽

***Rubus hirsutus* Thunb.**

为蔷薇科悬钩子属常绿灌木，高 1～2 m。小叶 3～5 枚，卵形或宽卵形，顶端急尖，顶生小叶顶端常渐尖，基部宽楔形至圆形，边缘具不整齐尖锐重锯齿。花瓣白色，花丝较宽。果实近球形，红色中空，直径 1～2 cm。花期 4 月，果期 5—6 月。采样于桂林市雁山。

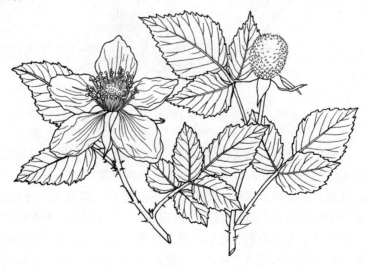

蓬蘽地上部分为二年生，地下根系为多年生，株群四季常绿。初生茎当年从水平根不定芽萌发钻出地面，冬季不落叶，植株保持绿色。翌年自初生茎的节间长出花果枝，待果实成熟后地上部分逐渐枯死。独特的果实和羽状复叶都具有较高的观赏价值，叶色夏季绿色，冬季红色，有季节性变化。白色花朵，有淡淡的香气。果实鲜红色，果汁具有特殊的香味，如红宝石般美观持久。植株相对较为低矮，在园林配置中，可修剪成绿篱，也可丛植作为装饰，是集果树、园林、生态应用为一身的优质野生林木资源。

蓬蘽常生长于山坡路旁阴湿处或灌木丛中。喜半阴、湿润、温暖的环境。

蓬蘽的果实中氨基酸含量高，其中人体必需的微量元素 Zn（锌）的含量较高，且鞣花酸含量丰富，果实汁多味甜，可鲜食或作食用原料，如加工为果脯、果汁、果酱、果酒、果冻等。全株及根入药，能消炎解毒、清热镇惊、活血及祛风湿、补肾益精、缩尿。主治多尿、阳痿、不育、须发早白等症。

5. 三叶海棠

Malus sieboldii (Regel) Rehd.

为蔷薇科苹果属落叶灌木，高 2～6 m。枝条开展。叶片卵形、椭圆形或长椭圆形，基部圆形或宽楔形，边缘有尖锐锯齿，在新枝上的叶片锯齿粗锐，常 3，稀 5 浅裂，托叶草质，窄披针形，先端渐尖，全缘，微被短柔毛。花 4～8 朵，集生于小枝顶端，花瓣长椭倒卵形，淡粉红色，在花蕾时颜色较深。果实近球形，红色或褐黄色。花期 4—5 月，果期 8—9 月。采样于桂林市龙脊。

春季三叶海棠满树盛开的白里透着粉红的花瓣和深粉红色的花蕾清新恬静，十分美丽。初秋果实累累，黄里透着红，甚是可爱。三叶海棠枝叶密集，花果观赏价值高，在园林绿化中可修剪做绿篱；也可做孤植或丛植观赏；是庭园、公园、校园等绿化的优质树种。

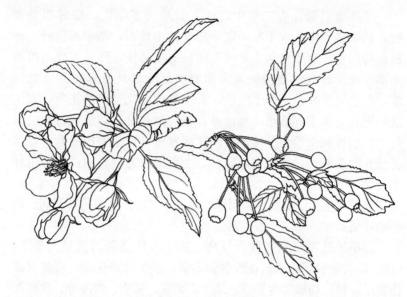

三叶海棠常生长于山坡杂木林或灌木丛中。耐旱，耐寒，耐贫瘠。山东、辽宁有用作苹果砧木者。在日本也被广泛用为苹果砧木。

三叶海棠的果实味酸微甜，具有消食健胃的功效，常用于治疗饮食积滞、胃酸缺乏症、小儿伤乳的消化不良、经行腹痛或产后下腹瘀痛、心绞痛等症。

6. 牛耳枫

Daphniphyllum calycinum **Benth.**

为虎皮楠科虎皮楠属常绿灌木或小乔木，高1～4 m。叶纸质，阔椭圆形或倒卵形，先端钝或圆形，具短尖头，基部阔楔形，全缘，略反卷，叶背多少被白粉。总状花序腋生，花萼盘状。果卵圆形，较小，长约7 mm，被白粉，尖部具小疣状突起，基部具宿萼。花期4—6月，果期8—11月。采样于桂林市尧山。

牛耳枫株型整齐美观，叶大，边缘后卷，显得圆润厚实，叶脉清晰凹陷明显，叶柄偏红或绿色。春季新芽黄绿色，有的稍偏红，与老叶形成明显对比，在色彩上可呈现出多个层次的效果，适合做

常绿观叶植物。花果虽小，但密集。白色带有暗红色条纹的花如高粱米；果先是披白霜的绿色，成熟后为披白霜的暗紫色，也具有一定的观赏效果。可通过控制抽枝使其株型矮小作为绿篱或绿墙，也可以任其生长将其布置在银杏、乌桕、枫树等高大落叶树下层作为中间层，丰富绿化层次。在公园、广场、居住区、城市道路等的绿化中均可应用。

　　牛耳枫常生长于疏林或灌丛中，多为山坡向阳的地方。喜湿润排水良好的土壤，也比较耐干旱，但是不耐寒冷。该植物是喜阳植物，但在疏林下也能生长良好。所以在城市中作为林下灌木层绿化或是任其生长成小乔木成丛种植均可。

　　牛耳枫具有清热解毒、活血化瘀、祛风止痛、解毒消肿的功效，用于风湿骨痛、疮疡肿毒、跌打骨折、毒蛇咬伤。

7. 排钱树

***Phyllodium pulchellum*（L.）Desv.**

为豆科排钱树属常绿灌木，高 0.5～2 m。三出复叶互生，中间叶大，两侧叶较小。圆形叶状苞片连续排为总状，如钱串一般。花期 7—9 月，果期 10—11 月。采样于桂林市阳朔。

排钱树是一种常见的灌木，通常高度为 0.5～1 m，高的时候也可以达到 2 m。苞片绿色近圆形，看上去像绿色的小团扇，成排

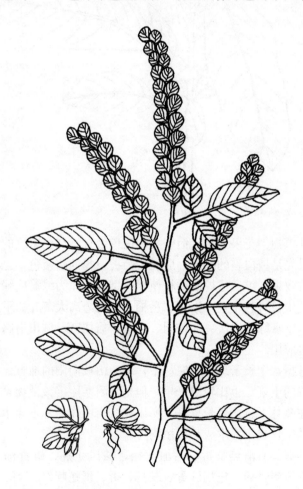

地挂在枝头，好像古代使用的一串串铜钱，这也是"排钱树"名字的由来。每上下两个苞片腋下会有 3～5 朵白色蝶形花，花落后结豆荚，豆荚小且短，待两个苞片逐渐展开时，似张开翅膀的蝴蝶落满枝头，极具趣味性。排钱树的生长速度比较快，常年翠绿，可将其种植于房子周围，象征财富。由于排钱树的枝条细软，长高后不易直立，可以把枝条编织在一起，使其逐渐地生长成篱笆墙，有较好的绿化作用。同样的方法也可以种植在花架、栏杆等具有依附力的构筑物旁作为绿化。在园林绿化中可用于绿篱、灌木丛或林下绿化等，增加植物景观的趣味性。

排钱树常生长于丘陵荒地、路旁或山坡疏林中，对土壤要求不严，喜光也耐半阴。

排钱树具有清热利湿、活血祛瘀、软坚散结的功效。用于治疗感冒发热、疟疾、肝炎、肝硬化腹水、风湿疼痛、跌打损伤、陈旧性筋肉劳损等症。

8. 假木豆

Dendrolobium triangulare（Retz.）Schindl.

为豆科假木豆属常绿灌木，高 1～2 m。三出羽状复叶，托叶披针形，叶片披白色丝状茸毛。叶脉深且排列较密。花序腋生，有花 20～30 朵。花白色或淡黄色，豆荚状果稍弯曲，较小。8—10 月开花，10—12 月结果。该种由于其叶脉深得较明显且排列密集整齐，所以叶片观赏性极佳。采样于桂林市阳朔。

假木豆的叶子先端急尖，基部钝，羽状复叶互生于枝条上，中间叶大，两侧叶较小，叶脉密集。新叶黄绿色，老叶深绿色。叶子正反面、叶柄、枝条均有白色茸毛，触摸手感好。花白色，很小，荚果也很小，花果观赏性不强。但叶子轻巧灵动，极具美感，是很好的观叶植物。可通过编织、修剪等方式进行整形，应用于园林绿化。在墙垣、围栏等处，可做带状种植。

假木豆常生长于山坡、山脚下灌丛中或林边。在采样地发现假木豆的同时也发现了排钱树，两者同为豆科，在形态上以及对气候土壤的要求上具有一定的相似性。喜光，耐半阴，耐旱，耐贫瘠。

假木豆具有清热凉血、舒筋活络、健脾利湿的功效。

9. 河北木蓝

Indigofera bungeana Walp.

为豆科木蓝属落叶灌木，高 1 m 左右。茎褐色，圆柱形，羽状复叶，小叶对生，叶片椭圆形，稍倒阔卵形，上面绿色，下面苍绿色。总状花序腋生，花冠粉红色或紫红色，旗瓣阔倒卵形，翼瓣与龙骨瓣等长，龙骨瓣有距。荚果褐色，种子椭圆形。4—5 月开花，6—9 月结果。采样于桂林市雁山区雁山园附近的山脚下。

河北木蓝多产于河北、辽宁等北方地区，但在桂林的雁山区雁山园附近的山脚下发现了该植物。株型直立、较矮，枝叶和花序都很密集。叶片较小，奇数叶5～9 片。多数花只有旗瓣没有翼瓣与龙骨瓣。蝴蝶一样的粉红色花瓣点缀在玲珑的叶片中，清秀亮丽似

田园少女。适合种植于围栏和墙边做绿篱使用；也可用于路边、溪边绿化。

　　河北木蓝常生长于山坡、草地、路边或河滩。根系发达，具有防止水土流失的作用。喜光也耐阴，耐贫瘠和干旱，颇为强健，适应性强。

　　河北木蓝具有清热止血、消肿生肌的功效。外敷治创伤。

10. 大叶胡枝子

Lespedeza davidii Franch.

　　为豆科胡枝子属的常绿灌木，高 1～3 m。枝条较粗壮，稍曲折，有明显的条棱，密被长柔毛。托叶 2，卵状披针形，密被短硬

毛，小叶宽卵圆形或宽倒卵形，先端圆或微凹，基部圆形或宽楔形，全缘，两面密被黄白色绢毛。总状花序腋生或于枝顶形成圆锥花序，花稍密集，花红紫色，旗瓣倒卵状长圆形。荚果卵形。花期7—9月，果期9—10月。采样于桂林市尧山。

　　大叶胡枝子枝条舒展。叶形美观，圆润可爱。密集多花，色彩鲜艳。春季新长出的小叶黄绿色或浅棕红色，两面的绢毛较长；老叶深绿色，与新叶形成深浅对比。可作为混交防护林带的下木，也可成排种植于草坪或广场边缘。由于其枝叶茂盛和根系发达，可有效地保持水土，减少地表径流和改善土壤结构，是良好的水土保持植物及固沙植物。大叶胡枝子耐寒，耐旱性强，耐贫瘠，对土壤适应范围广。嫩枝、叶可做饲料及绿肥，又是蜜源植物，还可固氮，是优良的绿化树种。

大叶胡枝子常生长于向阳山坡、山脚下、路旁或灌丛中。本种耐干旱，可作水土保持植物。

大叶胡枝子以根、叶入药，具有通经活络等功效，主治疹痧不透、头晕眼花、汗不出、手臂酸麻。

11. 柃木

***Eurya japonica* Thunb.**

为山茶科柃木属常绿灌木，高 1～2.5 m。叶厚革质，边缘具疏的粗钝齿，上面深绿色，有光泽，下面淡绿色，两面无毛。花瓣5，白色。果实圆球形，成熟时蓝黑色。花期 2—3 月，果期 9—10 月。采样于桂林市尧山。

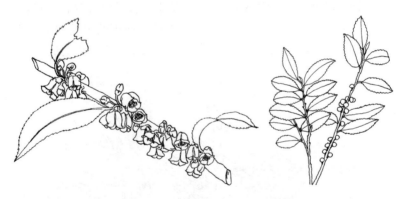

柃木叶片光亮密集且颜色较深，易与浅色植物搭配种植。花虽小但很密集，似铃铛布满整个枝干，具有淡淡的香味，既是蜜源植物，也是很好的观花观叶植物。在园林绿化中可密植成绿篱；也可与其他灌木或小乔木搭配种植。

柃木常生长于山坡、沟坎阴湿处和山村路旁以及溪谷边灌丛中。桂林除了尧山，其余各区都有分布，如雁山、会仙、罗锦、龙脊、灵川等，分布特别广泛。耐贫瘠，耐阴，喜湿。枝叶密集且耐修剪，是很好的绿篱植物。同时也是蜜源植物。

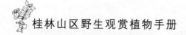

枰木枝叶具有清热、消肿的功效。

12. 长叶冻绿

***Rhamnus crenata* Sieb. et Zucc.**

为鼠李科鼠李属落叶灌木或小乔木，高达 7 m。幼枝带红色，被毛，后脱落，小枝被疏柔毛。叶纸质，倒卵状椭圆形、椭圆形或倒卵形，稀倒披针状椭圆形或长圆形。花数个或 10 余个密集成腋生聚伞花序，总花梗长 4～10 mm。核果球形或倒卵状球形，绿色或红色。种子无沟。花期 5—8 月，果期 8—10 月。采样于桂林市龙脊。

长叶冻绿是观叶、观果的植物。姿态优美，枝叶繁茂，叶片挺括，果实红绿相间。宜于庭园、公园和街道作绿化美化种植。散植或成片栽植均可，也可修剪作为绿篱。

长叶冻绿常生长于山地林下或灌丛中，性喜温暖湿润和阳光照射的气候环境，也能耐弱阴。常自然生长于向阳的山坡和疏林中，能耐贫瘠，但在疏松肥沃、排水良好的沙质土壤中长势会更好。

长叶冻绿的根有毒。民间常用根、皮煎水或醋浸洗治顽癣或疥疮。

13. 薄叶鼠李

***Rhamnus leptophylla* Schneid.**

为鼠李科鼠李属常绿灌木或稀小乔木，高达 5 m。小枝对生或近对生，褐色或黄褐色，稀紫红色，平滑无毛，有光泽。叶纸质，对生或近对生，或在短枝上簇生，倒卵形至倒卵状椭圆形，稀椭圆形或矩圆形，顶端短突尖或锐尖，稀近圆形，基部楔形，边缘具圆齿或钝锯齿，上面深绿色，下面浅绿色。叶柄长 0.8～2 cm。花单性，雌雄异株，4 基数，有花瓣，花多数，簇生于短枝端或长枝下部叶腋。核果球形，先绿色，成熟时黑色。花期 3—5 月，果期 5—10 月。采样于桂林市会仙马头塘村。

薄叶鼠李株型秀丽，枝叶繁茂。叶色浓绿，叶片常簇生于短枝上，大小不一，层次变化丰富。果多数常集生于簇生叶的叶腋，光滑圆润。可密植修剪成绿篱；也可丛植观赏。在公园、道路、河岸等绿化中均可应用。

薄叶鼠李常生长于山坡、山谷、路旁灌丛中或林缘。分布广泛，适应性强，耐寒，耐旱，耐贫瘠，对光照要求不严。

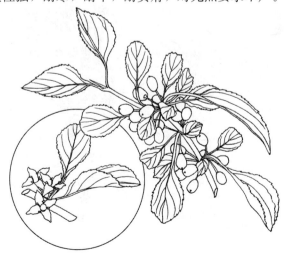

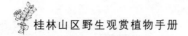

薄叶鼠李具有清热、解毒、活血的功效。在广西其根、果及叶用于利水行气、消积通便、清热止咳。

14. 金刚鼠李

Rhamnus diamantiaca Nakai

为鼠李科鼠李属落叶灌木,高 2～3 m。树皮暗灰褐色。枝对生或近对生,紫褐色,具短枝,小枝淡紫褐色,光滑,先端成刺。叶通常对生,有时近对生,间或有互生,在短枝上呈簇生状,叶片卵形、广卵形或菱状卵形,基部楔形或广楔形,先端突尖、短渐尖或渐尖,边缘具细钝锯齿,表面暗绿色,背面淡绿色。花单性,异株,4 数,腋生,在短枝上呈簇生状。核果近球形,熟时紫黑色。花期 4—6 月,果期 7—9 月。采样于桂林市雁山。

金刚鼠李叶片舒展,叶脉清晰。春季新芽萌生,叶色嫩绿光亮,给人生机勃勃的视觉感受;夏季叶色浓绿,绿色果实一簇簇在浓绿茂密的枝叶间若隐若现;秋冬季叶子慢慢凋落,果实变成紫黑色,密集成团,布满枝条。由于金刚鼠李株型矮小且具长刺,在园林绿化中可修剪做绿篱;也可丛植或单株修剪整形观赏。公园、道路、广场绿化均可应用。

金刚鼠李常生长于山坡、沟边、疏林或灌丛中。喜阳，耐半阴，耐寒，耐旱，耐贫瘠，适应性强。

15. 马甲子

Paliurus ramosissimus（Lour.）Poir.

为鼠李科马甲子属灌木，高达 6 m。小枝褐色或深褐色，被短柔毛，稀近无毛。叶互生，纸质，宽卵形、卵状椭圆形或近圆形，顶端钝或圆形，基部宽楔形、楔形或近圆形，稍偏斜，边缘具钝细锯齿或细锯齿，稀上部近全缘，上面沿脉被棕褐色短柔毛，幼叶下面密生棕褐色细柔毛，后渐脱落仅沿脉被短柔毛或无毛，基生三出脉。叶柄基部有 2 个紫红色斜向直立的针刺。腋生聚伞花序，被黄色茸毛，花瓣匙形，核果杯状，周围具木栓质 3 浅裂的窄翅。花期5—8 月，果期 9—10 月。采样于桂林市会仙湿地。

马甲子果型特别，具有一定的观赏价值，分枝密且具针刺，常栽培作绿篱和用作边缘绿化，防止人畜进入干扰。马甲子木材坚

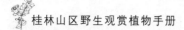

硬，可作农具柄。

马甲子与同科同属植物铜钱树相比，前者是灌木；后者多为乔木，更高大。前者的核果杯状；后者的核果草帽状，较扁。前者的花果期比后者要晚。

马甲子常生长于山地林中。对土壤水分要求不严格，可选择山脚或缓坡土层深厚、肥沃、湿润的壤土或沙壤土栽植。

马甲子的根、枝、叶、花、果均供药用，有解毒消肿、止痛活血的功效，治痈肿溃脓等症。根可治喉痛。种子榨油可制烛。

16. 胡颓子

Elaeagnus pungens Thunb.

为胡颓子科胡颓子属常绿灌木。小枝褐锈色，背鳞片。叶互生，革质，椭圆形，长 5～7 cm，宽 2～5 cm，两端钝或基部圆形，边缘微波状，上绿下银白色。果实椭圆形，长约 1.5 cm，熟时红色，果皮上有白色点状斑。花期 9—11 月，果期次年 4—6 月。采样于桂林市会仙马头塘村。

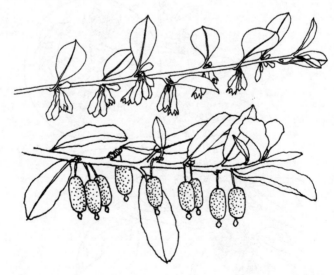

胡颓子株形自然，红果下垂，初夏满树红果，是很好的观果灌木。由于其株型比较松散，可以稍做修剪或进行编织使其规整，作

为篱墙，用来修饰花架、围栏等。适于丛植或列植。庭园、公园等处的草地、墙垣、路边均可应用。据村民说可通过人工在其生长期施腐熟的农家肥，使花果丰硕，初夏便可看到满树的红果。

胡颓子常生长于山地杂木林内和向阳沟谷旁或水岸边以及向阳山坡或路旁；具有较强的耐阴能力，但也不怕阳光暴晒。对土壤要求不严，在中性、酸性和石灰质土壤上均能生长，耐干旱和瘠薄，不耐水涝。喜高温、湿润气候，其耐盐性、耐旱性和耐寒性佳，抗风强。

胡颓子的种子、叶和根用于治疗胃阴不足、口渴舌干、久泻久痢、大肠不固、肺虚喘咳等症。果熟时味甜可食，具有很高的营养价值。

17. 香荚蒾

***Viburnum farreri* W. T. Stearn**

为忍冬科荚蒾属落叶灌木，高可达 5 m。冬芽椭圆形，顶尖，基部楔形至宽楔形。叶片纸质，锯齿明显，叶脉凹陷较深。圆锥花序，多数花，花先叶开放，芳香。花冠蕾时粉红色，开后变白色。花梗偏红色。果实由绿至紫红色，矩圆形。花期 2—3 月，果期

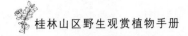

5—8 月。采样于桂林市雁山。

香荚蒾树姿优美，花色艳丽，芳香浓郁，果实红艳，观赏价值高，是优良的观花、观果灌木，在城市园林绿化中有着广阔的应用前景。每年早春开花，在温柔的春风里送来沁人心脾的香气。花苞粉红色，盛开时逐渐变淡，由于花朵密集且盛开时间早晚不同，会呈现出粉白相间的效果。开花时叶子刚发新芽，所以满枝的花朵被嫩绿的新芽映衬得格外靓丽。可用于布置庭园，也可以种植在公园、校园、广场等地的草坪上、林荫下。

香荚蒾常生长于向阳山坡或疏林中。对土壤要求不严，但湿润、肥沃、疏松、排水良好的土壤生长更好。喜光，可耐半阴，耐修剪，适应性强。

18. 南方荚蒾

***Viburnum fordiae* Hance**

为忍冬科荚蒾属落叶灌木或小乔木，高 3～5 m。幼枝、芽、叶柄、花序、萼和花冠外面均被黄褐色的茸毛。叶对生，纸质，叶片宽卵形或菱状卵形，先端尖至渐尖，基部钝或圆形，边缘疏生浅波状锯齿，上面绿色，下面淡绿色，具绒毛。聚伞花序顶生或生于具 1 对叶的侧生小枝之顶，总梗，第 1 级辐射枝 5 条，花着生于第 3～4 级辐射枝上。花冠白色，辐射状。核果卵状球形，长 6～7 mm，红色。花期 4—5 月，果期 10—11 月。采样于桂林市龙脊。

南方荚蒾可通过修剪，使其株型整齐，形成绿篱。也可以成排种植形成篱笆墙。还可以成丛种植稍做修剪形成树球。开花时节，成簇的白花布满枝头，秋天果实成熟，累累红果，令人赏心悦目。可种植于居住区、校园、公园等地；也可以和银杏等秋色叶树种配置在一起，增添秋色；还可以和松柏类配置在一起，果实在青翠的松柏的映衬下格外红艳。

南方荚蒾常生长于山谷溪涧旁的疏林、山坡灌丛中。喜光，耐半阴，喜湿润排水良好的土壤，耐贫瘠，可适当修剪，易管理，是优质的观花、观果植物。

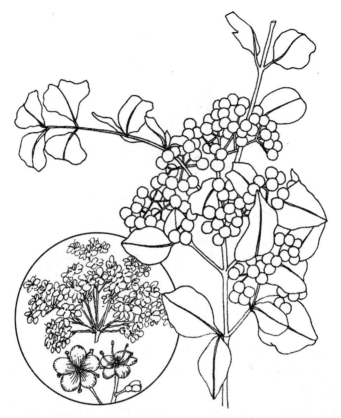

南方荚蒾用于治疗感冒、发热、月经不调、风湿痹痛、跌打损伤、淋巴结炎、疮疖、湿疹等症。

19. 琴叶榕

Ficus pandurata Hance

为桑科榕属常绿小灌木，高 1～2 m。小枝、嫩叶幼时被白色柔毛。叶纸质，提琴形或倒卵形，长 4～8 cm，先端急尖有短尖，基部圆形至宽楔形，中部缢缩。果实单生叶腋，鲜红色，椭圆形或球形，直径6～10 mm，顶部脐状突起。花期 6—8 月。采样于桂林市会仙湿地。

琴叶榕叶形独特美观，叶片密集向上伸展。秋冬季，部分叶片

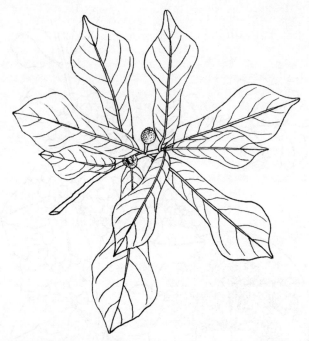

会呈现亮黄色或有时在绿色叶片上散生黄色斑纹，呈现黄绿相间的色彩，观赏效果佳。可密植做绿篱；也可丛植做点缀。是很好的观叶树种。

琴叶榕常生长于山地、旷野或灌丛林下。喜温暖、湿润和阳光充足的环境，对水分的要求是宁湿勿干。

琴叶榕具有祛风除湿、解毒消肿、活血通经的功效，用于治疗风湿痹痛、黄疸、疟疾、乳汁不通、痛经、闭经、跌打损伤、毒蛇咬伤等症。

20. 狭叶山黄麻

***Trema angustifolia*（Planch.）Bl.**

为榆科山黄麻属常绿灌木或小乔木。叶卵状披针形，长 3～7 cm，宽 1.5～3 cm，基出脉三条，侧生的二条长达叶片中部。由数朵花组成小聚伞花序，花淡黄色，花期 4—6 月。核果圆球形，直径 2～2.5 mm，熟时橘红色，果期 8—11 月。果子成熟时满枝红色的果子密密麻麻，非常鲜艳，是很好的观果植物，经修剪可做绿篱植物。采样于桂林市尧山。

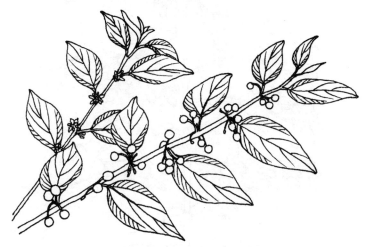

狭叶山黄麻叶片互生，整齐有序地排列在枝条上。春季新叶嫩绿，在阳光下泛着光亮，枝条柔韧，微风吹动，树影婆娑。聚伞花序数朵生于每个叶腋。花落结果，果实先是绿色，成熟后红色。果实密集，果梗稍长，轻巧艳丽，布满整个枝条。该植物是观枝、观叶、观果的优质绿化植物材料，可用于林缘、路边绿化。

狭叶山黄麻常生长于向阳山坡灌丛或疏林中。喜光，具有耐贫瘠，耐干旱的优点，易成活，易管理，生长速度快，易成林，是优良造林树种。

狭叶山黄麻具有疏风清热、凉血止血的功效。用于治疗风热感冒或温病初起、血热妄行等症。

21. 赪桐

Clerodendrum japonicum（Thunb.）Sweet

为马鞭草科大青属落叶或常绿灌木，植株高 1.5～2 m。茎直立，不分枝或少分枝。叶对生，纸质，叶片较大，长和宽均为15～20 cm，心形。总状圆锥花序顶生。花萼红色，未盛开时心形，逐渐开放，伸展出花朵，花似百合，花丝长。花落只剩圆形果实和五

角星形花萼，果实先是绿色，成熟后蓝紫色。花期5—11月，果期12月至翌年1月。采样于桂林市永福金钟山。

赪桐花顶生，每朵花在盛开时花蕊突出花冠，犹如蟠龙吐珠，很是奇特，是优良的观花植物。可丛植、列植或群植。花艳丽如火，花期长，可用于公园、庭园、广场、河岸等绿化。成片栽植效果极佳。为达到矮化植株、开花整齐、茂盛的目的，可在4月植株萌发前进行重剪。

赪桐常生长于平原、山谷、溪边、灌木丛中或疏林中。喜高温高湿气候，喜光，稍耐半阴。喜肥沃湿润土壤，忌干旱。沙质土或黏质土，酸性或钙质土都可以生长。

赪桐具有祛风利湿、消肿散瘀的功效。在云南可作跌打、催生的药，又治心慌心跳，用根、叶作皮肤止痒药。湖南用花治外伤止血。

22. 紫珠

Callicarpa bodinieri Levl.

为马鞭草科紫珠属落叶灌木，高约 2 m。叶片卵状长椭圆形至椭圆形，顶端长渐尖至短尖，基部楔形，边缘有细锯齿，背面灰棕色，两面密生暗红色或红色细粒状腺点。聚伞花序。花萼外被星状毛和暗红色腺点，萼齿钝三角形。花冠紫色，果实球形，6—7 月开花，8—11 月结果。采样于桂林市龙脊。

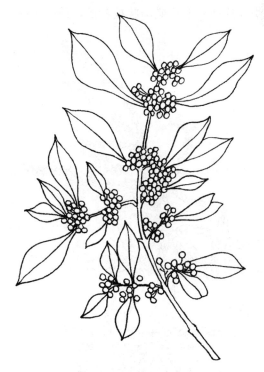

紫珠株形秀丽，枝条细软，有韧性。花色绚丽，果实色彩鲜艳，圆润光亮，犹如一颗颗紫色的珍珠。果实密集，生于叶腋。秋季叶

落，只剩下紫色的果实挂满枝条。成丛、成排种植，观赏效果极佳。该植物是一种既可观花又能赏果的优良花卉品种，可用于公园绿化或庭园栽种；也可盆栽观赏。其果穗还可剪下瓶插或作切花材料。

　　紫珠常生长于林中、林缘及灌丛中。喜温，喜湿，怕风，怕旱，喜红黄土壤，在阴凉的环境生长较好。

　　紫珠具有通经和血的功效。用于月经不调、虚劳、白带、产后血气痛、感冒风寒。调麻油外用，治缠蛇丹毒。

23. 牡荆

Vitex negundo var. *cannabifolia*

　　为马鞭草科牡荆属落叶灌木或小乔木。小枝四棱形。叶对生，掌状复叶，小叶片披针形或椭圆状披针形，顶端渐尖，基部楔形，

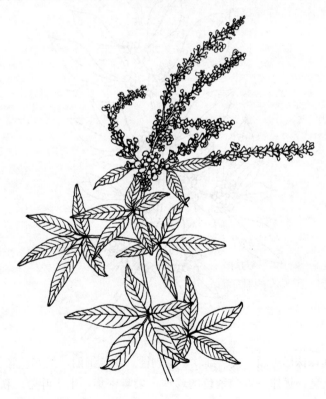

边缘有粗锯齿，表面绿色，背面淡绿色，通常被柔毛。圆锥花序顶生，花冠淡紫色。果实近球形，黑色。花期5—7月，果期8—11月。采样于桂林市会仙湿地。

牡荆在野外的路边随处可见。夏季盛花期，淡紫色花成串密集生于顶端，清新淡雅。春季，掌状新叶嫩绿，叶脉清晰，质地软薄，随风摆动，时不时地掀起灰绿色的叶背，非常漂亮。牡荆可成排种植，与水鬼蕉搭配，做水鬼蕉的背景，二者花期一致，生活习性相似，紫色和白色搭配可为炎热的夏季营造清爽的景观效果。

牡荆常生长于山坡路边灌丛中和山脚、路旁及村舍附近向阳的地方。喜光，耐寒，耐旱，耐涝，耐瘠薄土壤，适应性强。

牡荆的新鲜叶捣碎或泡水，对风湿痛、脚气、痈肿、足癣有治疗作用。

24. 豆腐柴

Premna microphylla **Turcz.**

为马鞭草科豆腐柴属常绿灌木。幼枝有柔毛，老枝变无毛。叶揉之有臭味，卵状披针形、椭圆形、卵形或倒卵形，长3～13 cm，宽1.5～6 cm。聚伞花序组成顶生塔形的圆锥花序。花萼杯状，绿色。核果紫色，球形至倒卵形。花果期5—10月。采样于桂林市龙脊。

之所以叫豆腐柴，是因为它的叶子可以做成豆腐块状菜肴，具有清热解毒的功效，是夏日防暑降温的佳品。豆腐柴花虽小但密集，果实深紫色，较为明显。植株低矮，叶片翠绿光亮。可以成行密植，稍做修剪作为绿篱。也可以与山石布置在一起作为点缀。适合公园、庭园等的林下绿化。

豆腐柴常生长于山坡、林缘、疏林下、溪沟两侧的灌丛中及道路旁。耐高温，不耐严寒，喜湿润，有一定的抗旱性，适生于排水良好的坡地，在微酸至酸性土壤上生长良好。多散生，有时群生，一般阴坡多于阳坡。该植物在针叶林及针、阔叶混交林、灌木林中均有分布。

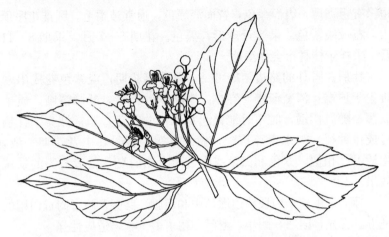

豆腐柴的根、茎、叶入药，具有清热解毒、消肿止血的功效。用于治疗毒蛇咬伤、创伤出血。是一种药食兼用的植物。豆腐柴的叶营养丰富，富含果胶，可用于果胶提取和作为绿色食品的原料。

25. 栀子

Gardenia jasminoides Ellis

为茜草科栀子属常绿灌木。嫩枝常被短毛，枝圆柱形，灰色。叶对生，革质，稀为纸质，叶形多样，通常为长圆状披针形、倒卵状长圆形、倒卵形或椭圆形，顶端渐尖、骤长渐尖或短尖而钝，基部楔形或短尖，两面常无毛，上面亮绿，下面色较暗。花芳香，通常单朵生于枝顶，花冠白色或乳黄色，高脚碟状，花柱粗厚，长约4.5 cm，柱头纺锤形。果卵形、近球形、椭圆形或长圆形，黄色或橙红色，有翅状纵棱5～9条。花期5—7月，果期7月至翌年2月。采样于桂林市尧山。

栀子花白色，花大而美丽、芳香，具有纯洁、高雅之美。栀子花从冬季开始孕育花苞，直到近夏至才会绽放，花开清芬久远。栀子的叶翠绿常青。果橘红色，果形美丽。广植于庭园供观赏。也可用于屋顶花园、公园、校园、办公楼中庭绿化。还可以盆栽放于阳台观赏。

　　栀子常生长于旷野、丘陵、山谷、山坡、溪边的灌丛或林中，性喜温暖湿润气候，好阳光但又不能经受强烈阳光照射，适宜生长在疏松、肥沃、排水良好、轻黏性酸性土壤中，抗有害气体能力强，萌芽力强，耐修剪。是典型的喜酸性花卉。

　　栀子具有清热、泻火、凉血的功效。治疗热病虚烦不眠、黄疸、淋病、消渴、目赤、咽痛、吐血、血痢、尿血、热毒疮疡、扭伤肿痛等症。栀子果可晒干碾碎磨成粉，提取出栀子黄色素，可用于饮料、糕点等食品的着色。

26. 细叶水团花

***Adina rubella* Hance**

　　为茜草科水团花属的落叶小灌木，高 1～3 m。小枝延长。叶

对生，近无柄，叶片纸质，卵状披针形或卵状椭圆形，全缘，顶端渐尖或短尖，基部阔楔形或近圆形。头状花序，花冠管长 2～3 mm，5 裂，花冠裂片三角状，紫红色。蒴果小，成熟时带紫红色，集生于花序上形如杨梅，又被称为水杨梅。花期 7—8 月，果熟期 9—10 月。采样于桂林市会仙湿地。

细叶水团花枝条披散，婀娜多姿，根系发达，树形清秀，叶片密集。春季新叶偏红且光亮，紫红色球花满吐长蕊，秀丽夺目。生长速度较快，能在较短时间内达到固岸护坡绿化美化的效果。由于细叶水团花性喜水，适用于低洼地、池畔和水塘的绿化布置；也适合应用于河道、溪流、瀑布等水体景观的绿化和生态恢复建设。花序有一定观赏价值，可引种片植、丛植或修剪成绿篱用于公园、绿地等较湿的地段种植。

细叶水团花常生长于溪边、河旁、沙滩等湿润环境。喜光，喜水湿，较耐寒，畏炎热，不耐旱。根深枝密，为水土保持林优良灌木。生态适应性强，移栽成活率高，生长快，易管护。

细叶水团花全株可入药，具清热解毒、散瘀止痛的功效，主治湿热泄泻、痢疾、湿疹、疮疖肿毒、风火牙痛、跌打损伤、外伤出血。

27. 了哥王

Wikstroemia indica（Linn.）C. A. Mey

为瑞香科荛花属常绿小灌木，高 0.5～2 m 或过之。小枝红褐色，无毛。叶对生，纸质至近革质，倒卵形、椭圆状长圆形或披针形，先端钝或急尖，基部阔楔形或窄楔形，干时棕红色，侧脉细密，

极倾斜。花黄绿色，数朵组成顶生头状总状花序，宽卵形至长圆形，顶端尖或钝，着生于花萼管中部以上。果椭圆形，成熟时红色至暗紫色。花期5—10月，果期8—11月。采样于桂林市会仙马头塘村。

了哥王一般在夏秋之间能看到开花和结果，边开花边结果，果实丰硕，生于枝头，先是绿色，逐渐变黄，成熟时红色，后变为暗紫色，8月可同时出现多种颜色相间的果实效果，在绿叶的衬托下鲜艳夺目。该植物的叶片较小，但叶缘整齐、表面光滑，姿态挺括，不下垂，给人轻巧灵动之感。株型密集矮小，是园林绿化的优质灌木。但由于了哥王全株有毒，为避免孩子误食所以不适合种植于居住区、庭园、校园。可用于公园、城市道路、办公楼区绿化。

了哥王常生长于石山上的山坡灌木丛中或路边、沟边等。喜温暖湿润气候，不耐严寒，适宜在透气性好的沙质壤土中生长，忌土壤积水。

了哥王全株有毒，具有清热解毒、化痰止痛、消肿散结、通经利水的功效。对支气管炎、淋巴结炎、风湿性关节炎、跌打损伤等疾病均有疗效。

28. 珊瑚樱

Solanum pseudocapsicum L.

为茄科茄属常绿小灌木，茎高60~120 cm。叶互生，狭矩圆形至倒披针形，边缘呈波状。花小，辐射状，白色。花期7—9月。浆果球形，橙红色或黄色，留存枝上经久不落。种子扁平。果期9月至翌年2月。采样于桂林市龙脊。

珊瑚樱果实艳丽，果期长。在园林中可用来布置花坛，是良好的秋冬季观果植物。该植物也是传统的室内盆栽观果良品。夏秋开花，初秋至翌年春季结果，是元旦和春节期间难得的观果花卉佳品。尤其在寒冷的严冬，居室里摆置一盆红果满树的珊瑚樱，会使生活显得热闹欢乐和生机勃勃。果实从结到成熟、再到落果，时间可长达4个月以上，常常是老果未落，新果又生，终年累月，长期观赏，是盆栽观果花卉中观果期较长的品种。珊瑚樱全株有毒性，但龙脊的村民几乎每家花盆里都有栽种，他们说只要不吃是没

有关系的，况且果实很难吃，一般人都不会食用的。可见珊瑚樱的观赏价值远大于其毒性。

珊瑚樱常生长于田边、路旁、丛林中或水沟边。不择土壤，适应性强，管理粗放。它耐旱又耐涝，耐热又耐寒，喜阳也耐阴，盆栽放置在室内室外均可，生命力极强，堪称盆栽观果花卉中的佳品。

珊瑚樱的根有毒，具有活血止痛的功效，主治腰肌劳损、闪挫扭伤。

29. 红丝线

Lycianthes biflora (**Lour.**) **Bitter**

为茄科红丝线属灌木或亚灌木，高 0.5～1.5 m。小枝、叶下面、叶柄、花梗及萼的外面密被淡黄色的单毛及 1～2 分枝或树枝状分枝的茸毛。上部叶常假双生，大小不相等，两种叶均膜质，全缘，上面绿色，被简单具节分散的短柔毛，下面灰绿色。花序无柄，通常 2～3 朵少 4～5 朵花着生于叶腋内。花冠淡紫色或白色，

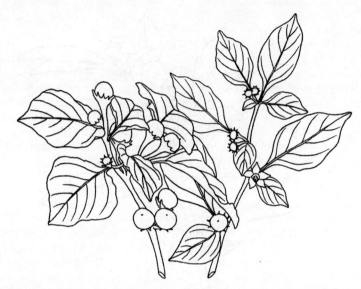

星形，顶端深 5 裂。浆果球形，直径 6～8 mm，未成熟时绿色，成熟果绯红色，宿萼盘形。花期 5—8 月，果期 7—11 月。

红丝线的果极具观赏价值。在桂林，11 月是果实的成熟期，红色的球形果实似樱桃三三两两地挂在叶柄与茎的连接处，为缺少生机的冬季增添色彩和趣味性。红丝线可做林下绿化，也可与其他喜湿耐阴的灌木或草本搭配种植，用于溪边、林荫小路、庭园背阴处等绿化。植株矮小，果实鲜艳可爱，也可做盆栽。

红丝线常生长于荒野阴湿地、林下、路旁、水边及山谷中。喜温暖湿润和半阴湿环境。

红丝线具有清肝降浊、清肺止咳、散瘀消肿止痛的功效。常用于治疗肝火上炎、高血压、痰浊、高血脂、糖尿病、肺结核咯血、肺炎。外用治跌打损伤肿痛。

30. 地菍

***Melastoma dodecandrum* Lour.**

为野牡丹科野牡丹属常绿匍匐状小灌木，长 10～30 cm。幼时被糙伏毛，以后无毛。叶片坚纸质，卵形或椭圆形。聚伞花序，顶

生，花瓣淡紫红色至紫红色，菱状倒卵形，花期 5—7 月，果期 7—9 月。采样于桂林市龙脊。

　　地菍枝叶生长密集，花色艳丽，其叶贴伏地表，能形成平整、致密的地被层，覆盖效果好，是良好的地被植物，并且叶、花、果终年都呈现出不同的颜色，叶片可在同一时间内呈现绿、粉红、紫红等色。圆球形的浆果从结实至成熟也呈现绿—红—紫—黑的色彩变化。且地菍几乎长年开花，没有明显的无花阶段。

　　地菍常生长于山坡矮草丛中或田埂矮墙上，为酸性土壤常见的植物。生命力极强，具有耐寒、耐旱、耐贫瘠，生长迅速等特点，甚至在石缝中亦能很好地生长开花。

　　地菍具有活血止血、消肿祛瘀、清热解毒等功效。

31. 野牡丹

Melastoma malabathricum Linnaeus

　　为野牡丹科野牡丹属常绿灌木，高 0.5～1 m，稀 2～3 m。茎钝四棱形或近圆柱形，密被平展的长粗毛及短柔毛。叶卵形、椭圆

形或椭圆状披针形，先端渐尖，基部圆或近心形，全缘，5 基出脉，上下两面密被糙伏毛。花瓣紫红色，倒卵形，长约 2.7 cm。蒴果坛状球形，顶端平截，密被鳞片状糙伏毛。花期 4—5 月，果期 9—10 月。采样于桂林市雁山。

野牡丹花苞陆续开放，花期可达全年，是美丽的观花植物。可孤植、片植或丛植。盛花期时，紫红色的花朵布满枝头，在阳光的照射下楚楚动人，十分靓丽。另外，野牡丹植株的形态甚佳，照顾管理也比较容易，在园林绿化中逐渐被推广利用，适合在花坛绿化种植或盆栽观赏。

野牡丹广泛分布于桂林周边的旷野山坡、山路旁灌丛中及疏林下。适宜在酸性土壤中生长，耐瘠薄，具有很好的抗病虫害能力，管理粗放。喜温暖湿润气候，稍耐旱和耐瘠。因此以向阳、疏松而含腐殖质多的土壤栽培为好。

野牡丹的根、叶具有清热利湿、消肿止痛、散瘀止血的功效。

用于治疗消化不良、泄泻、痢疾、肝炎、便血等症。叶用于跌打损伤、外伤出血。

32. 匙萼柏拉木

***Blastus cavaleriei* Levl. et Van.**

为野牡丹科柏拉木属常绿灌木，高 30～150 cm。茎圆柱形，分枝多。叶片纸质，卵形或披针状卵形，顶端渐尖，基部心形至圆形，具细浅波状齿或全缘，5 基出脉，叶面几无毛。由聚伞花序组成圆锥花序，顶生，花瓣粉红色至紫红色，长圆形，顶端渐尖，蒴果椭圆形。花期 6—8 月，果期 8—11 月。采样于桂林市尧山。

匙萼柏拉木的花小，叶子很独特。叶脉清晰，每两条叶脉之间

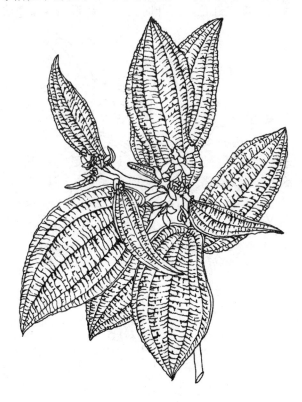

整齐地排列着数个横纹，使整个叶片看起来厚重具有立体感。株型不高，可作林下绿化和溪边绿化；也可作墙基绿化或与其他植物配置成花境。

匙萼柏拉木常生长于山坡、山谷的疏、密林下、潮湿的路旁或灌丛中。喜半阴环境，喜潮湿但不耐涝。

匙萼柏拉木的叶用于治疗外伤出血，具有止血、止带的功效。

33. 朱砂根

***Ardisia crenata* Sims**

为紫金牛科紫金牛属常绿灌木。叶片革质或坚纸质，椭圆形、椭圆状披针形至倒披针形，顶端急尖或渐尖，基部楔形，边缘具皱波状或波状齿。伞形花序或聚伞花序，着生于侧生特殊花枝顶端，花瓣白色，稀略带粉红色，盛开时反卷，卵形，顶端急尖。果球

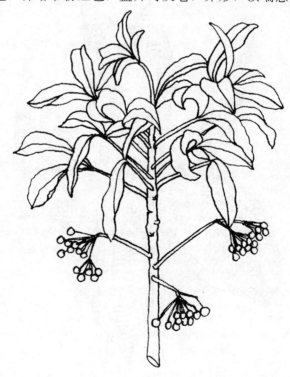

形，直径 6～8 mm，鲜红色。花期 5—6 月，果期 10—12 月，有时至翌年 2—4 月。采样于桂林市尧山。

朱砂根果实繁多，鲜红艳丽，与绿叶相映成趣，极为美观，具有极大的观赏价值。该植物四季常青，株形优美，小巧玲珑。秋冬红果成串，可一直保持到来年春天，甚至更长，适于盆栽观果；也可在荫蔽林下、山石园中点缀种植。适于庭园和公园作林下或角隅配置。

朱砂根常生长于疏、密林下阴湿的灌木丛中。喜温暖、湿润、荫蔽、通风良好的环境，不耐干旱瘠薄和暴晒，对土壤要求不严，但在土层疏松湿润、排水良好和富含腐殖质的酸性或微酸性的沙质壤土下生长良好。

朱砂根的根、叶具有祛风除湿、散瘀止痛、通经活络的功效，用于治疗咽喉肿痛、跌打损伤、痢疾、肾炎及风湿性关节炎等症，可以抗病毒、驱虫和杀虫等。

34. 九节龙

Ardisia pusilla A. DC.

为紫金牛科紫金牛属常绿直立灌木。具匍匐根茎，幼时几全株被灰褐色或锈色长柔毛或硬毛，毛常卷曲。叶互生，一组 3～4 片，间距很近，看似掌状，叶片坚纸质，椭圆状披针形至卵形，稀倒披针形。伞形花序，被长柔毛，侧生或着生于枝端，花瓣淡紫色或粉红色，稀白色，卵形至广披针形，具腺点。果球形，深红色。花期 5—7 月，果期 10—12 月。采样于桂林市尧山。

九节龙喜欢集群生长，虽是灌木，但多匍匐地面生长，木质茎匍匐地面可达 1 m。九节龙每长一段时间就会长出一个节，当长满九个节就会停止生长，所以被称为"九节龙"。果实鲜红色，生于叶腋，深绿色的叶片中点缀着鲜红的果实，亮丽显眼。新叶偏红，与深绿的老叶形成对比，甚是美观。可做地被植物，是护土、护坡、保持水分的优质绿化材料。

九节龙常生长于潮湿的河边、沟边、疏林下或林下阴湿处。喜湿，耐阴，喜湿润排水良好的腐殖质土壤。

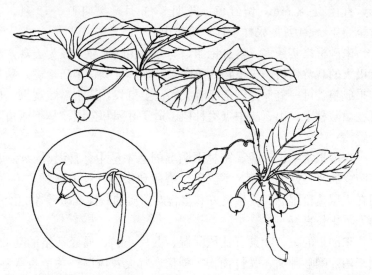

九节龙具有祛风除湿、活血止痛的功效。治疗风湿疼痛、跌打肿痛效果显著，也可治疗咳嗽吐血、寒气腹痛。

35. 杜茎山

***Maesa perlarius*（Lour.）Merr.**

为紫金牛科杜茎山属常绿小灌木，有时攀缘状，高 1～3 m。叶纸质或近革质，总状花序单生或 2～3 个聚生，腋生，花冠白色，钟形。果球形，直径约 6 mm，无毛，具脉状腺条纹，宿存萼包果顶端，常冠宿存花柱。花期 1—3 月，果期 5—12 月。采样于桂林市相公山。

杜茎山叶型挺括，叶脉凹陷较清晰且排列均匀。春季新叶嫩绿色，泛着光亮。花密集，果更密集，成串布满果序轴，具有较高的观赏价值。

与杜茎山同科同属植物鲫鱼胆采样于尧山，与杜茎山株型、叶形极其相似。但鲫鱼胆的株高较矮，果实稍小。鲫鱼胆的花虽然也是钟形，但花冠裂片外翻明显，并与花冠管等长。而杜茎山的花冠裂片极短，收拢，外翻幅度极小。两者都可以做绿篱植物应用于园林绿化，观赏效果相似，生长习性也相似，也都是消肿

的药材。

　　杜茎山和鲫鱼胆常生长于山坡、路边的疏林或灌丛中湿润的地方。喜湿，耐阴，喜光，忌暴晒，沙壤土和腐殖质土均能生长良好。鲫鱼胆在尧山分布较多。

　　杜茎山具有祛风寒、消肿的功效。用于治疗腰痛、头痛、眼目晕眩等症。根与白糖煎服治皮肤风毒。茎、叶外敷治跌打损伤、止血；鲫鱼胆全株均可入药，具有消肿去腐、生肌接骨等功效。

36. 萝芙木

Rauvolfia verticillata（Lour.）Baill.

　　为夹竹桃科萝芙木属常绿灌木，高达 1～3 m。多枝，树皮灰白色，幼枝绿色。叶膜质，干时淡绿色，3～4 叶轮生，稀为对生，椭圆形、长圆形或稀披针形，渐尖或急尖，基部楔形或渐尖。聚伞花序，生于上部的小枝的腋间，花小，白色，花萼 5 裂，裂片三角形，花冠高脚碟状，花冠筒圆筒状，中部膨大。核果卵圆形或椭圆形，长约 1 cm，由绿色变暗红色，然后变成紫黑色。花期 2—10月，果期 4—12 月。采样于桂林市临桂区六塘镇小江村。

萝芙木叶形舒展，花朵密集，果实丰硕且颜色鲜艳，常呈现出白色花和绿色、红色、紫色、黑色果实相间的效果，观赏效果佳。植株不高，株型美观，花果期长，是优质的绿化材料。可修剪用于林下绿篱或单株点缀于林荫路边；也可以与山石一起配置或作为盆栽观赏。

萝芙木常生长于林边、丘陵地带的林中或溪边较潮湿的灌木丛中。喜阴、喜湿，忌烈日暴晒，喜疏松肥沃排水良好的腐殖质土或沙质壤土。

萝芙木的根、叶供药用，民间有用来治疗高血压、高热症、胆囊炎、急性黄疸型肝炎、头痛、失眠、眩晕、疟疾、蛇咬伤、跌打损伤等病症。

37. 鸭嘴花

***Justicia adhatoda* Linnaeus**

为爵床科鸭嘴花属常绿灌木，株高 2～3 m。茎节膨大。叶对

生，叶纸质，矩圆状披针形或矩圆状椭圆形，顶端尖，全缘，穗状花序顶生或腋生，苞片卵形，花冠唇形，白色，有紫色线条。花期5—7月。采样于桂林市雁山。

鸭嘴花叶大，叶脉清晰匀称，叶色翠绿，对生平展。花序较长，花形似鸭嘴，所以叫"鸭嘴花"。花瓣白色，上面有红色网纹。该植物枝叶一色，青翠素雅，开花时，绿叶衬以洁白花序，颇为清秀。无论是叶形、株型还是花序都具有观赏价值。可作为庭园绿化，孤植或丛植；也可以修剪做绿篱；还可以盆栽观赏。

鸭嘴花常生长于林荫下。喜疏松、肥沃、排水良好的微酸性沙质壤土环境。不耐寒忌霜冻，较耐阴，在直射光下叶片易灼焦，喜温暖、湿润环境。

鸭嘴花具有祛风活血、散瘀止痛的功效。用于治疗骨折、扭伤、风湿关节痛、腰痛。治疗跌打损伤效果很好，所以农民都喜欢在房前屋后种上几棵。

38. 白饭树

Flueggea virosa

为大戟科白饭树属常绿灌木，高 1～6 m。小枝具纵棱槽，有皮孔。叶片纸质、椭圆形、长圆形、倒卵形或近圆形，长 2～5 cm，宽 1～3 cm，顶端圆至急尖，有小尖头，基部钝至楔形，全缘，下面白绿色。花小，淡黄色，多朵簇生于叶腋。蒴果浆果状，近圆球形，直径 3～5 mm，成熟时果皮淡白色，不开裂。花期 3—8 月，果期 7—12 月。采样于会仙湿地。

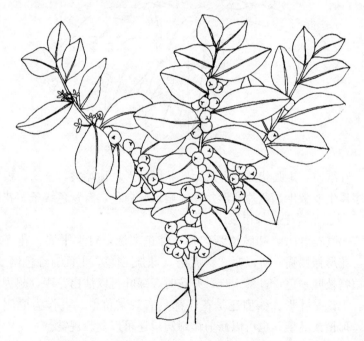

9—10 月是白饭树果实最白最大的时候，如同高粱米或薏米挂满枝条，所以才叫"白饭树"。白饭树的果实也是各种鸟类喜爱的食物。未成熟的果实绿色，慢慢泛白，成熟的果实果皮白色，密集生长于叶腋，被绿叶衬得洁白醒目，真的很像米饭。白饭树果实成熟的季节是在秋冬季，与枸骨的果同期，两者搭配种植，白果与红果形成对比，有较好的观赏效果。白饭树可用于水边、路边、草地边缘绿化；也可以成排依墙种植。

白饭树常生长于溪边、路边、灌丛中。耐干旱，喜肥沃的酸性土壤，不耐盐碱，喜阳光，也能耐阴。

白饭树的鲜叶晒干研粉，茶油调敷患处，用于治疗湿疹、脓疱疮、过敏性皮炎、疮疖、烧伤、烫伤。

39. 一叶萩

Flueggea suffruticosa（**Pall.**）**Baill.**

为大戟科白饭树属常绿灌木，高 1～3 m。多分枝，小枝浅绿色，近圆柱形，有棱槽。叶片纸质，椭圆形或长椭圆形，稀倒卵形，顶端急尖至钝，基部钝至楔形，全缘或间中有不整齐的波状齿或细锯齿，下面浅绿色。花小，黄绿色，簇生于叶腋，蒴果三棱状扁球形，直径约 5 mm，成熟时淡红褐色，基部常有宿存的萼片。花期 5—6 月，果期 7—11 月。采样于桂林市雁山。

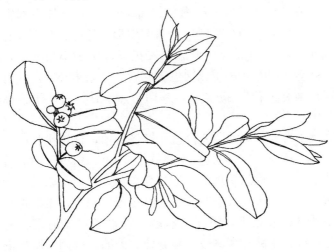

一叶萩枝叶繁茂，花果密集。叶片舒展，边缘稍反卷。新叶黄绿色，老叶深绿色。果梗细长，绿色小圆果经常垂挂于叶腋，所以又被称为叶底珠。一叶萩适合做绿化植物，具有观赏价值。属于小灌木，易于修剪整形作绿篱。可配置于假山、草坪、河畔、路边等处，具有良好的观赏价值；也可以种植于篱笆墙或围栏下面，探出的枝叶和果实也有一定的观赏性。因为有毒，所以不适合作为庭园种植，其他公共场所均可应用。

一叶萩又叫叶底珠，与同科同属的白饭树非常相似，但两者的果明显不同，一叶萩的果绿色，比白饭树的果要小，果梗比白饭树的果梗要长。

一叶萩常生长于山坡灌丛中、山沟或路边，多为向阳平地或山坡。对土壤要求不严，但以肥沃疏松者为好。适应性强，易于栽培和管理。

一叶萩的花和叶供药用，对中枢神经系统有兴奋作用，可治面部神经麻痹、小儿麻痹后遗症、神经衰弱、嗜睡等症。根皮煮水，外洗可治牛、马虱子。

40. 算盘子

Glochidion puberum（L.）**Hutch.**

为大戟科算盘子属常绿灌木，高 $1\sim3$ m。全株大部密被柔毛。叶长圆形至倒卵状长圆形，基部楔形，托叶三角形。花雌雄同株或异株，$2\sim5$ 朵簇生叶腋，雄花束常生于小枝下部，雌花束在上部，有时雌花和雄花同生于叶腋。蒴果扁球状，熟时带红色，花柱宿存。花期 4—8 月，果期 7—11 月。采样于桂林市柘木镇的山脚下。

算盘子有着较高的园艺价值和经济价值，植株生长旺盛，生命力顽强，适应性广，河边、小溪边、山上、山坡下都能看到野生的算盘子。它的果扁球形，形如算盘珠，又像小南瓜，所以又被称为野南瓜。果实成熟时一般为红色或红棕色，果形奇特，大大小小地挤在枝条上，漂亮又有趣。算盘子可做河岸、溪边绿化；也可种植于路边和墙边。是庭园、公园、校园、城市道路等绿化的优质树种。

算盘子常生长于溪边、河边、山脚下和山坡灌丛中。适应性强，耐贫瘠。

　　算盘子具有清热除湿、解毒利咽、行气活血的功效。用于治疗痢疾、泄泻、黄疸、疟疾、淋浊、带下、咽喉肿痛、牙痛、疝痛、产后腹痛等症。种子含油。全株也可作农药。还可提制栲胶。叶可作绿肥。

41. 常山

Dichroa febrifuga Lour.

　　为虎耳草科常山属落叶灌木，高 1～2 m。小枝圆柱状或稍具四棱，无毛或被稀疏短柔毛，常呈紫红色。叶形大小变异大，常椭圆形、倒卵形、椭圆状长圆形或披针形。伞房状圆锥花序顶生，有时叶腋有侧生花序。浆果直径 3～7 mm，蓝色，干时黑色。种子长约 1 mm，具网纹。花期 5—7 月，果期 8—9 月。采样于桂林市龙脊。

　　常山花多而密集，颜色淡雅美丽，花苞近白色，盛开的花瓣淡紫色，白紫相间的花序绽放在浓绿的枝叶间。果实蓝紫色，泛着光亮。花果都十分美丽。贴近时能闻到淡淡的花香味。是优质的观花观果绿化材料。可用于公园、庭园等林下绿化。可密植成绿篱；也可成丛和成片种植；还可以作为盆栽观赏。

常山通常生长于阴湿林中或树群下。喜较阴凉湿润的气候。在龙脊梯田山脚下的东南坡发现了该植物，其上有树丛，虽荫蔽但有散射光。喜土壤肥沃疏松、排水良好的沙壤土，腐殖质土也可以。

常山以根入药，有毒。根含有常山碱、异常山碱、常山碱丙等。具有截疟、祛痰的功效。主治疟疾。

42. 疏花卫矛

***Euonymus laxiflorus* Champ. ex Benth.**

为卫矛科卫矛属常绿灌木，高达 4 m。叶纸质或近革质，卵状椭圆形、长椭圆形或窄椭圆形，长 5～12 cm，宽 2～6 cm。聚伞花序分枝疏松，5～9 花。花序梗长约 1 cm。花紫色，花瓣 5

数，直径约 8 mm。蒴果紫红色，倒圆锥状，先端稍平截。种子长圆状，长 5～9 mm。花期 5—6 月，果期 7—11 月。采样于桂林市尧山。

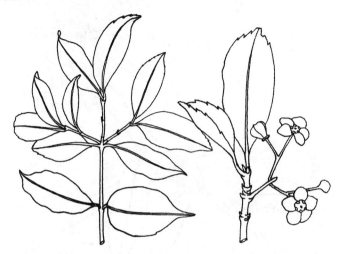

疏花卫矛叶厚，触感好。老叶浓绿光亮、新叶嫩绿可爱，小枝末梢的叶子两两对生，花果色彩鲜艳，枝条柔韧优美，具有很高的观赏价值。人工修整可保持其高度在 1.5 m 以下，是优质的林下灌木层绿化材料。公园、庭园、校园、景点等均可应用。

疏花卫矛常生长于山上、山腰及路旁密林中。阴性树种，喜疏松、肥沃、湿润的土壤，不耐高温，忌暴晒。桂林尧山的山坡路边随处可见。

疏花卫矛具有祛风湿、强筋骨、活血解毒、利水的功效。用于治疗风湿骨痛、腰膝酸痛、跌打骨折、疮疡肿毒、慢性肝炎、慢性肾炎、水肿等症。疏花卫矛通常在民间作为药膳，药用十分广泛。

43. 金丝桃

***Hypericum monogynum* L.**

为藤黄科金丝桃属半常绿灌木。地上每生长季末枯萎，地下为多年生。小枝纤细且多分枝，叶纸质、无柄、对生、长椭圆形。花

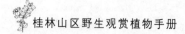

期5—8月，果期7—9月。采样于桂林市会仙湿地龙山。

金丝桃花叶秀丽，花冠如桃花，雄蕊金黄色，细长如金丝，绚丽可爱，花如其名。叶一对对十字交叉地排列在枝条上，从顶部往下看特别明显。可植于林荫树下、路旁或点缀草坪；也可植于庭园假山旁及角隅等，枝条柔软袅娜，别有风味。可将其种植于石榴、合欢、木槿、小叶紫薇等树下，与粉红色和红色花形成缤纷烂漫的景象。若成片种植，花色金黄，灿烂无比。花落之后红果挂满枝头，甚是美丽，可用于插花艺术。可丛植作为花境植物，开花时节蜂游蝶舞，热闹非凡。

金丝桃常生长于山坡、路旁或灌丛中。喜湿润半阴环境，需要一定的光照开花才会茂盛，忌阳光暴晒。对土壤要求不严，耐瘠薄，不耐干旱。

金丝桃具有清热解毒、散瘀止痛、祛风湿的功效。用于治疗肝炎、肝脾肿大、急性咽喉炎、结膜炎、疮疖肿毒、蛇咬及蜂蜇伤、跌打损伤、风寒性腰痛、抑郁。尤其是抗病毒作用突出，能抗 DNA、RNA 病毒，可用于艾滋病的治疗。从金丝桃中提取的金丝桃素可应用于美容医疗。

44. 石海椒

Reinwardtia indica **Dum.**

为亚麻科石海椒属常绿小灌木，高可达 1 m。树皮灰色，叶纸质，全缘或有圆齿状锯齿，表面深绿色，背面浅绿色，托叶小，花序顶生或腋生。花直径可达 3 cm。萼片分离，披针形，花瓣黄色，花丝基部合生成环，蒴果球形，种子具膜质翅。4—12 月花果期。采样于桂林市雁山奇峰镇。

石海椒叶色嫩绿，花黄色艳丽，而且具浓郁的芳香，其香气有益于身心健康。在草坪上、大楼前种植成大花丛，开花时十分美丽。在街道边可在种植池中植成花篱或与其他植物配置成绿化带。萌蘖力强，耐修剪，每次修剪后发枝多而整齐。用于庭园、公园、河岸绿化均可；也可以盆栽观赏，美化门前庭院、阳台和居室。

石海椒常生长于石灰岩土壤上，喜欢温暖、湿润和阳光充足的气候环境，兼具有喜光和耐阴的特性。

石海椒具有清热利尿的功效。主治小便不利、肾炎、黄疸型肝炎等症。

45. 海金子

Pittosporum illicioides Makino

为海桐花科海桐花属常绿灌木，高可达 5 m。叶倒卵状披针形，顶端渐尖，边缘微波状。嫩枝无毛，老枝有皮孔。叶生于枝顶，3～8 片簇生呈假轮生状，薄革质，倒卵状披针形或倒披针形。花淡黄白色，花瓣 5。蒴果近圆形，3 瓣裂，种子 8～15 个，鲜红色，果柄细长而下弯。花期 5 月，果期 10 月。采样于桂林市尧山。

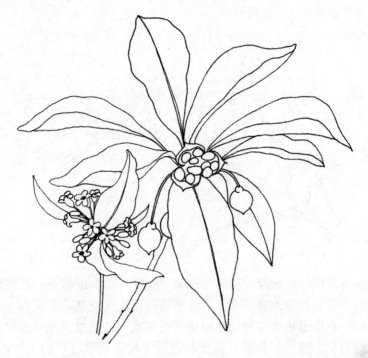

海金子花淡黄色，叶片较长，倒卵状明显，披针形，边缘微波状，花梗和果梗较长。果与海桐的果相似，成熟时果皮裂开，露出鲜红的种子。整株不修剪可以长得很高。可做庭园观赏；也可孤植或丛植于园路两边或与假山配置在一起。

海金子常生长于山谷或山林中。对气候的适应性较强，能耐寒冷，亦颇耐暑热，对光照的适应能力亦较强，较耐荫蔽，亦颇耐烈日，但以半阴地生长最佳。喜肥沃湿润土壤，干旱贫瘠地生长不良，稍耐干旱，颇耐水湿。

海金子具有解毒、利湿、活血、消肿的功效。用于治疗蛇咬伤、关节疼痛、痈疽疮疖、跌打伤折、皮肤湿疹。种子含油脂，可制肥皂。

46. 枸骨

***Ilex cornuta* Lindl. et Paxt.**

为冬青科冬青属常绿灌木或小乔木，高 0.6～3 m。叶片厚革质，二型，四角状长圆形或卵形，长 4～9 cm，宽 2～4 cm，先端具 3 枚尖硬刺齿，中央刺齿常反曲，有时全缘（此情况常出现在卵形叶），叶面深绿色，具光泽，背淡绿色，无光泽，两面无毛。花淡黄色，4 基数。果球形，直径 8～10 mm，成熟时鲜红色。花期 4—5 月，果期 10—12 月。采样于桂林市会仙湿地。

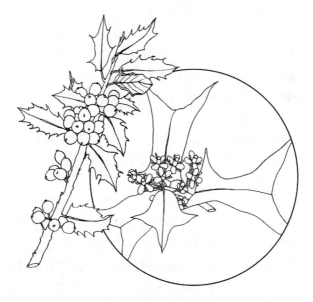

枸骨树形美观，枝繁叶茂，果实秋冬红色，挂于枝头，鲜艳夺目。叶形奇特，碧绿光亮，四季常青。入秋后红果满枝，经冬不凋，是优良的观叶、观果树种。可做盆景观赏；也可做绿篱或点缀山石；还可孤植于花坛中心、对植于前庭、路口或丛植于草坪边缘。其果枝可供瓶插，经久不凋。

枸骨常生长于山坡、丘陵等的灌丛中、疏林中以及路边、溪旁等地。耐干旱，喜肥沃的酸性土壤，不耐盐碱，较耐寒，能耐 $-5℃$ 的短暂低温，喜阳光，也能耐阴，宜放于阴湿的环境中生长。

枸骨的枝、叶、树皮及果是滋补强壮药。根有滋补强壮、活络、清风热、祛风湿的功效。枝叶用于治疗肺痨咳嗽、劳伤失血、腰膝痿弱、风湿痹痛。果实用于治疗阴虚身热、淋浊、筋骨疼痛。叶可做茶饮用，具有养阴清热、补益肝肾的功效。

47. 毛冬青

Ilex pubescens Hook. et Arn.

为冬青科冬青属常绿灌木或小乔木，高 3～4 m。小枝纤细，近四棱形，灰褐色，密被长硬毛，具纵棱脊。顶芽通常发育不良或缺。叶生于1～2年生枝上，叶片纸质或膜质，椭圆形或长卵形。花序簇生于1～2年生枝的叶腋内，密被长硬毛。果球形，直径约4 mm，成熟后红色，内果皮革质或近木质。花期5—6月，果期8—11月。采样于桂林市尧山。

毛冬青的花果非常密集，特别是秋季红色果实密密麻麻地布满枝条，特别漂亮。该植物可修剪成观果绿篱；也可经过修剪整形成树球；还可孤植或丛植观赏。

毛冬青常生长于山坡常绿阔叶林中或林缘、灌木丛中及溪旁、路边。适应性广，较耐干旱，耐贫瘠，能适应红、黄壤等山地土壤类型，同时还较耐阴，在常绿阔叶林中仍能生长良好。

毛冬青具有清热解毒、活血通络的功效。以其根提取物制成的注射液、胶囊、片剂临床常用于心脑血管疾病和各种炎症的治疗，是中国较早开发的心脑血管类药物。叶子可以晒干作为茶饮用。

48. 白花龙

Styrax faberi Perk.

为安息香科安息香属常绿灌木，高 1～2 m。嫩枝纤弱，扁圆形，老枝圆柱形，紫红色，叶互生，叶片纸质，椭圆形、倒卵形或长圆状披针形，叶柄密被黄褐色星状柔毛。总状花序顶生，下部常单花腋生，花白色，花梗常向下弯，花冠裂片膜质，披针形或长圆形，花冠管无毛。果实倒卵形或近球形。花期 5—6 月，果期 8—10 月。采样于桂林市尧山。

白花龙于春、夏季开白色花朵，簇生于枝顶，花梗向下弯曲，像灯笼花一样呈下垂状。花瓣洁白向背面卷曲，盛开时不时逸出香气，属芳香植物。可点缀庭园或成行成片种植于公园或山坡。

白花龙常生长于丘陵地灌丛中，喜避风坡面较肥沃的红壤，较耐旱。

白花龙的根可治胃脘痛，叶可用于止血、生肌、消肿。种子油可制肥皂与润滑油。

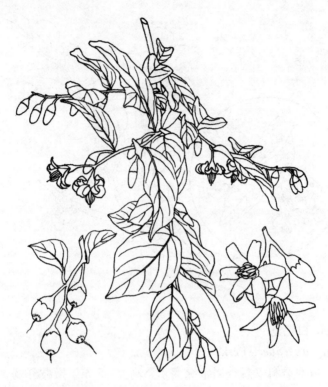

49. 小叶干花豆

***Fordia microphylla* Dunn ex Z. Wei**

为豆科干花豆属常绿灌木，高达 2 m。幼枝被淡黄色细茸毛，后渐秃净，老茎黑褐色，皮孔小，凸起，散生。羽状复叶集生枝梢，奇数叶。小托叶刺毛状，甚细。总状花序长 8～13 cm，着生于当年生枝的基部叶腋，生花节不隆起。花冠红色至紫色，外面先端被细毛。荚果棍棒状，扁平，革质，秃净无毛，瓣裂。种子圆形，扁平，棕色，光滑，具种阜。花期 4—6 月，果期 7—9 月。采样于桂林市会仙马头塘村。

小叶干花豆的花很小，但花序较长。羽状复叶较大且小叶较多。叶片嫩绿轻薄，在风的吹拂下飘摇灵动的叶子互相拍打，沙沙作响，姿态优美，声音悦耳。可丛植作为路边绿化；也可点缀草坪

106

或成排种植于围栏处。可用于庭园、公园、道路等绿化。

　　小叶干花豆常生长于山谷岩石坡地、山脚下或灌丛中。喜光，喜湿润环境。

　　小叶干花豆的根具有清热解毒、截疟的功效，用于治疗风热感冒、咽喉肿痛、咽喉炎、扁桃体炎等症。

50. 南烛

***Vaccinium bracteatum* Thunb.**

　　为杜鹃花科越橘属常绿灌木或小乔木，高 2～9 m。分枝多。叶片薄革质，椭圆形、菱状椭圆形、披针状椭圆形至披针形，边缘有细锯齿。总状花序顶生和腋生，有多数花，花冠白色，筒状，有时略呈坛状。浆果熟时紫黑色，外面通常被短柔毛。花期 6—7 月，果期 8—10 月。采样于桂林市尧山。

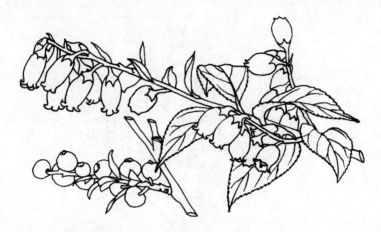

南烛的花洁白如雪，形似铃铛，成串长于枝条上。花落后逐渐长出果实，果实先是绿色，成熟后紫黑色，似蓝莓，酸甜，可食。夏日叶色翠绿，秋季叶色微红，萌发力强，耐修剪，姿态优美，叶片层叠有致，清奇古雅，为不可多得的一种新型盆景树种；是优良的观花、观果、观树型的绿化植物。

南烛常生长于山坡、路旁、疏林中或灌木丛中。喜光耐旱，稍耐阴，耐瘠薄。

南烛又被称为"乌饭树"，采摘枝、叶渍汁浸米，煮成"乌饭"，江南一带民间在寒食节（农历四月）有煮食乌饭（青精饭）的习惯。果实入药，名"南烛子"，有强筋益气、固精之效。《本草纲目》记载："枝叶止泄除睡，强筋益气力。子亦强筋益气，固精驻颜。"

51. 扁担杆

Grewia biloba G. Don

为椴树科扁担杆属常绿灌木或小乔木，高 1～4 m。多分枝。叶薄革质，椭圆形或倒卵状椭圆形，先端锐尖，基部楔形或钝，两面有稀疏星状粗毛，基出脉 3 条，边缘有细锯齿。聚伞花序腋生，多花，花小，白色，花瓣 5，雌蕊蕊丝较多，蕊头黄色。核果红色，有 2～4 颗分核。花期 5—7 月，果期 8—10 月。采样于桂林市会仙马家坊村。

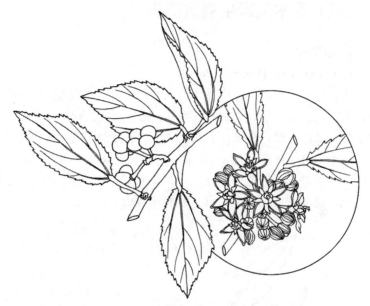

　　扁担杆的小花乍一看有两层花瓣，其实外面的是萼片，狭长圆形，里面是五个乳白色的小花瓣，萼片比较张扬，反而是花瓣比较小。花落后，会长出很有特色的果实，两个或四个长在一起。因为果形像娃娃攥起来的小拳头，故称作"娃娃拳"。果开始是绿色的，后来变黄，成熟后变成红色，可数月不落，橙红艳丽，为良好的观果树种。宜于园林丛植、篱植或与假山、岩石配置。

　　扁担杆常生长于沟渠边、路边、密林、山坡灌丛、山坡沟边、山坡杂木林中。适生于疏松、肥沃、排水良好的土壤，也耐干旱瘠薄土壤。耐旱能力较强，可在干旱裸露的山顶存活。中性树种，喜光，稍耐阴，喜温暖湿润气候，有一定耐寒力。

　　扁担杆具有健脾益气、固精止带、祛风除湿的功效。

（三）乔木类野生观赏植物

1. 山鸡椒

***Litsea cubeba*（Lour.）Pers.**

为樟科木姜子属落叶小乔木，高 8～10 m。树皮幼时黄绿色，老时灰褐色。叶互生，纸质，有香气，披针形或长圆状披针形，先端渐尖，基部楔形，全缘，上面深绿色，下面粉绿色。伞形花序单生或簇生，每一花序有花 4～6 朵，先叶开放或与叶同时开放，淡黄色。果近球形，直径约 5 mm，幼时绿色，成熟时黑色。花期 2—3 月，果期 7—10 月。采样于桂林市尧山。

山鸡椒的花虽小，但花形独特，层层叠叠。2—3 月间，密密麻麻的淡黄色小花先于叶竞相开放，簇拥在枝条上，盛开的花朵露出黄色的花蕊，引来很多蜜蜂。披针形的叶子上面深绿色，下面粉绿色，在风的吹拂下，呈现深浅叶色交错的视觉效果。其枝叶疏散，透光透气性好。可成片种植，也可孤植和丛植。用于庭园、公园、高速公路两侧均可。

山鸡椒常生长于向阳山地、灌丛、疏林或林中路旁、水边。喜湿润气候。喜光，在光照不足的条件下生长发育不良。适生于土层深厚、排水良好的酸性红壤、黄壤以及山地棕壤，在低洼积水处则不宜栽种。

山鸡椒根、茎、叶和果实均可入药。根、皮有祛风散寒、消肿止痛的功效。果实具有温中健胃、祛风散寒、止痛的功效。外敷可治无名肿毒。其果实、花和叶主要成分为柠檬醛，可作食用香精和化妆香精，是一种天然精油；花果还可做调料食用，做酸菜鱼味道极好，山鸡椒油可煮菜、凉拌或制作蘸水。

2. 木荷

Schima superba Gardn. et Champ.

为山茶科木荷属常绿大乔木，高达 25 m。叶革质或薄革质，椭圆形，先端尖锐，有时略钝，基部楔形，边缘有钝齿。花生于枝顶叶腋，常多朵排成总状花序，花瓣白色，花蕊黄色。蒴果直径 1.5～2 cm。花期 6—8 月。采样于桂林市尧山。

木荷树形美观，树姿优雅，枝繁叶茂，四季常绿。花开白色，因形似荷花，故名"木荷"。叶片浓绿光亮，花朵密集，白色的花瓣与黄色的花蕊互相映衬。该植物为阴性植物，与其他常绿阔叶树混交成林，发育甚佳，常组成上层林冠，适于在草坪中及水滨边隔土层深厚处栽植，是道路、公园、庭园等园林绿化的优良树种。

木荷常生长于向阳山坡。喜光，幼年稍耐阴。对土壤适应性较强，酸性土如红壤、红黄壤、黄壤上均可生长，但以在肥厚、湿润、疏松的沙壤土生长良好。是一种较好的耐火、抗火、难燃树

种，是很好的防火树种。

木荷因有大毒不可内服。外用：捣敷患处，用于治疗疔疮、无名肿毒等症。

3. 交让木

Daphniphyllum macropodum Miq.

为虎皮楠科虎皮楠属常绿乔木，高 3～10 m。小枝粗壮，暗褐色，具圆形大叶痕。叶革质，长圆形至倒披针形，长 14～25 cm，宽 3～6.5 cm，先端渐尖，顶端具细尖头，基部楔形至阔楔形，叶面具光泽。叶柄紫红色，粗壮，长 3～6 cm。花浅红色。果椭圆形，先是绿色后黑紫色，被白粉。花期 3—5 月，果期 8—10 月。采样于桂林市尧山。

交让木常于新叶开放时，老叶全部凋落，因有"交让"之名。树冠整齐，绿叶光润，偶有红色叶柄闪露，亦能展现其特有的色彩

美。在园林中可孤植或丛植，更宜与其他观花观果树木配植。如与南天竹同植，则高低错落，层次丰富，临冬绿叶红果相互辉映，自成佳景。

交让木常生长于山区阔叶林中，与木荷、楠木、杜英、马尾松等混生。较耐阴，喜温暖湿润气候，深厚肥沃、排水良好的中性或酸性土壤生长良好。

交让木的叶和种子可药用，治疖毒红肿。叶煮液，可防止蚜虫。

4. 油桐

Vernicia fordii (Hemsl.) Airy Shaw

为大戟科油桐属落叶乔木，高可达 10 m。树皮灰色，近光滑。枝条粗壮，叶片卵圆形，顶端短尖，基部截平至浅心形，下面灰绿色，一般叶柄长于叶片。花先叶或与叶同时开放，花瓣白色，有淡红色脉纹。核果近球形，果皮光滑。花期 3—4 月，果期 8—9 月。采样于桂林市尧山。

从 3 月底开始，油桐树在两个星期内迅速长满叶子，接着就开花了，满树白花簇簇。走在尧山的盘山路上，只见两侧开满洁白如雪的油桐花。树下，落花洁白，令人沉醉。白色的花瓣根部有红色

的脉纹，加上黄色的花蕊点缀，色彩层次丰富，对比强烈，观赏性佳。可种植于溪流边、水塘边、小路旁或草坪上，花落漂浮在水面上、撒落在小路上和碧绿的草地上都是极美的。

油桐常生长于阳面的山坡。喜温暖湿润气候，怕严寒，以阳光充足、土层深厚、疏松肥沃、富含腐殖质、排水良好的微酸性沙质壤土栽培为宜。

油桐根具有下气消积、利水化痰、驱虫的功效，常用于治疗水肿、哮喘、蛔虫病。叶具有清热消肿、解毒杀虫的功效，常用于治疗肠炎、痢疾、痈肿、疥癣、漆疮、烫伤。花具有清热解毒、生肌的功效，常用于治疗烧烫伤。

5. 朴树

Celtis sinensis Pers.

为榆科朴属落叶大乔木，高达 20 m。树皮平滑，灰色。一年生枝被密毛。叶互生，革质，宽卵形至狭卵形，长 3～10 cm，宽 1.5～4 cm。花杂性（两性花和单性花同株），1～3 朵生于当年枝的叶腋。核果单生或 2 个并生，近球形，熟时红褐色，果核有穴和突肋。花期 4—5 月，果期 9—11 月。采样于桂林市七星区马家坊村。

朴树树型高大，枝叶舒展，树冠圆满宽广，树荫浓密，枝叶繁茂。适合公园、庭园、街道、公路、广场等作为绿荫树。该植物具有极强的适应性，对多种有毒气体抗性较强，有较强的吸滞粉尘的能力，并能吸收有害气体，可作为街道、工厂等绿化。因其整体形态古雅别致，且寿命长，也是人们所喜爱的盆景树种。还可以用来

防风固堤，用于河岸绿化。

朴树常生长于路旁、山坡、林缘处。喜光，稍耐阴，耐寒，喜温暖湿润的气候。对土壤要求不严，微酸性、微碱性、中性和石灰性土壤均可。有一定耐干旱能力，亦耐水湿及瘠薄土壤，适应力较强。

朴树的根、皮、叶入药有消肿止痛、解毒治热的功效，外敷治水火烫伤。叶制土农药，可杀红蜘蛛。茎皮为造纸和人造棉原料。果实榨油可做润滑油。木材坚硬，可供工业用材。

6. 南岭山矾

Symplocos pendula* var. *hirtistylis

为山矾科山矾属常绿小乔木，3～6 m。叶近革质，椭圆形、倒卵状椭圆形或卵形，先端急尖或短渐尖而尖头钝，全缘或具疏圆齿。总状花序，花梗较短，花萼钟形，花冠白色，5 深裂至中部，雄蕊 40～50 枚，花丝粗而扁平，有细锯齿，基部联合，着生在花冠喉部。核果卵形，长 5～8 mm，先绿色，成熟时蓝黑色，外面被柔毛，花期 6—8 月，果期 9—11 月。采样于桂林市

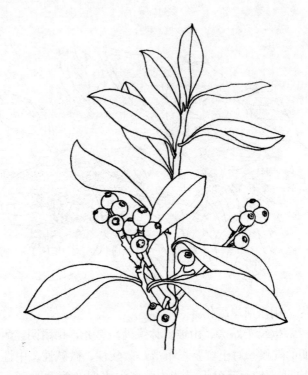

尧山。

南岭山矾在夏季开花，花形如桂，清香宜人，盛花如雪。花蕊又多又长，似绒球一团团、一簇簇，花香随风飘溢，令人赏心悦目。其树形优美，叶片挺括青翠，枝条自然，稠密均匀，能形成独具风韵的树冠，群体效果好。公园、庭园、校园、广场均可应用。

南岭山矾常生长于溪边、路旁、石山或山坡阔叶林中。

7. 风箱树

Cephalanthus tetrandrus

为茜草科风箱树属落叶灌木或小乔木，高 1～5 m。嫩枝近四棱柱形，被短柔毛，老枝圆柱形，褐色，无毛。叶对生或轮生，近革质，卵形至卵状披针形，长 10～15 cm，宽 3～5 cm，顶端短尖，基部圆形至近心形。头状花序顶生或腋生，花冠白色。果序直径 10～20 mm。花期 5—6 月。采样于桂林市会仙湿地。

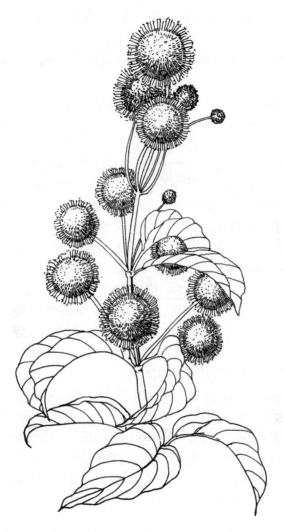

　　风箱树 5 月开始开花，似绒球的白色花序陆续盛开，挂满枝头。总花梗较长，5 cm 左右，所以花虽多，但看起来并不拥挤。近看，白色球花满吐长蕊，清新典雅，秀丽可爱。花序形态与细叶水团花相似，但颜色和大小不同。该植物生长速度较快，叶缘具微波，叶脉清晰规整，枝叶舒展，生命力旺盛，给人生机勃勃

之感。由于风箱树性喜水，适合种植于低洼地和水边等潮湿地段，是固岸护坡的优质绿化材料。在园林绿化中可应用于河道、溪流、池塘等水体景观。由于其生长速度快，也可以用作生态恢复建设。

风箱树常生长于溪边、沟边、山坡潮湿地、山沟两旁疏林中或灌木丛中。喜湿，喜光。

风箱树的根具有清热解毒、散瘀止痛、止血生肌、祛痰止咳的功效。用于治疗流行性感冒、上呼吸道感染、咽喉肿痛、肺炎、咳嗽、睾丸炎、腮腺炎、乳腺炎等症。外用治跌打损伤、疖肿、骨折。花序具有清热利湿的功效，用于治疗肠炎、细菌性痢疾。叶具有清热解毒的功效，外用治跌打损伤、骨折。

8. 楝

Melia azedarach L.

为楝科楝属落叶大乔木，高达 30 m。2～3 回奇数羽状复叶，小叶卵形、椭圆形或披针形，先端渐尖，基部楔形或圆形，具钝齿。花芳香，花瓣淡紫色，倒卵状匙形，长约 1 cm，两面均被毛，花丝筒紫色。核果球形或椭圆形，淡黄色。花期 4—5 月，果期 10—11 月。采样于桂林市会仙湿地。

楝俗称苦楝树，树形优美，叶形秀丽，花淡紫色有怡人的清香。春季，叶子嫩绿稀疏，紫色的花一簇簇盛开在嫩绿的枝叶间，花开得柔柔弱弱，一副禁不起风吹雨打的模样，但树形却是高大而强健，将细小的淡紫色花衬托得更加娇媚迷人，花和树如此悬殊的差异对比，使得其花语为"温暖的笑容"，花开时格外引人注目。宜作庭荫树及行道树，或在草坪孤植、丛植，或配植于池边、路旁均可。

楝常生长于旷野、路旁或疏林中，在湿润的沃土上生长迅速。对土壤要求不严，酸性土、中性土与石灰岩土壤均能生长，是平原及低海拔丘陵区的良好造林树种，在村边路旁种植更为适宜。强阳性树，不耐阴，喜温暖气候，耐风、耐湿，但在积水处则生长不良，不耐干旱。

棟的花、叶、果实、根皮均可入药，用根皮可驱蛔虫和钩虫，但有毒，用时要严遵医嘱。根皮粉调醋可治疥癣，用苦楝子做成油膏可治头癣。果核仁油可供制润滑油和肥皂等。

9. 八角枫

***Alangium chinense*（Lour.）Harms**

为八角枫科八角枫属落叶灌木或小乔木，高 4～5 m。叶纸质，不分裂或 3～9 裂，不分裂的叶子近圆形或椭圆形、卵形，顶端短锐尖或钝尖，基部两侧常不对称。分裂的叶子裂片短锐尖或钝尖，叶上面深绿色，无毛，下面淡绿色。基出脉 3～7，成掌状，侧脉 3～5 对。聚伞花序腋生，花瓣 6～8，线形，长 1～1.5cm，基部黏合，上部开花后反卷，外面有微柔毛，初为白色，后变黄色。核果卵圆形，幼时绿色，成熟后黑色，顶端有宿存的萼齿和花盘。花期 5—7 月和 9—10 月，果期 7—11 月。采样于桂林市马家坊村。

八角枫的树形高大，叶形美丽，花形独特，花期较长，可栽植在建筑物的四周，观赏价值较高。其株丛宽阔，枝叶茂密，根系发达，适宜于山坡地段造林，对涵养水源、防止水土流失有良好的作

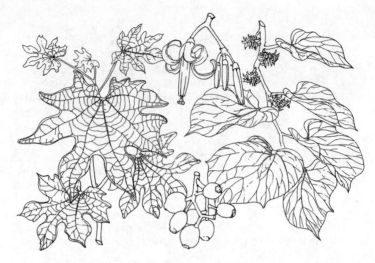

用，常被用于防风固土使用。在城市中可用于道路、庭园、公园等绿化。

八角枫常生长于低海拔的疏林中或路旁。阳性树，稍耐阴，对土壤要求不严，喜肥沃、疏松、湿润的土壤。具一定耐寒性，萌芽力强，耐修剪，根系发达，适应性强。

八角枫具有清热解毒、活血散瘀的功效。根和树皮药效最好，根名"白龙须"，茎名"白龙条"，能祛风除湿、舒筋活络、散瘀止痛，用于治疗风湿痹痛、四肢麻木、跌打损伤。叶用于治疗跌打骨折、外刀伤出血。花用于治疗头风痛及胸腹胀满。

10. 野鸦椿
***Euscaphis japonica* (Thunb.) Dippel**

为省沽油科野鸦椿属落叶小乔木或灌木，高 2～8 m。树皮灰褐色，具纵条纹，小枝及芽红紫色，枝叶揉碎后发出恶臭气味。叶对生，奇数羽状复叶，厚纸质，长卵形或椭圆形，稀为圆形，先端渐尖，基部钝圆，边缘具疏短锯齿。圆锥花序顶生，花梗长达 21 cm，花多，较密集，黄白色。蓇葖果长 1～2 cm，每一花发育为 1～3 个蓇葖，果皮软革质，紫红色，有纵脉纹，种子近圆形，径约 5 mm，假种皮肉质，黑色，有光泽。花期 5—6 月，果期 8—9

月。采样于桂林市尧山。

　　野鸦椿的花、叶和果均有观赏价值。尤其是蓇葖果，秋季红果布满枝头，果成熟后果荚开裂，果皮反卷，露出鲜红色的内果皮，远远望去，犹如满树红花，十分艳丽，令人赏心悦目。黑色的种子挂在内果皮上，似黑珍珠。该植物挂果时间长，从外果皮变红到果皮脱落时间长达半年，红色艳丽的果实给秋冬季增添了许多喜庆色彩。春夏之际，黄白色花，集生于枝顶，花序较长，也十分美观。作为观赏树种，应用范围广，可群植、丛植、孤植，用于庭园、公园、道路、广场等绿化。

　　野鸦椿常生长于山脚和山谷，常与一些小灌木混生、散生，很少有成片的纯林。其幼苗耐阴，耐湿润；大树则偏阳喜光，耐瘠薄干旱，耐寒性较强。在土层深厚、疏松、湿润、排水良好而且富含有机质的微酸性土壤中生长良好。

　　野鸦椿具有温中理气、消肿止痛的功效，用于治疗胃痛、寒疝、泻痢、脱肛、子宫下垂、睾丸肿痛。其根具有解毒、清热、

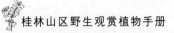

利湿的功效，用于治疗感冒头痛、痢疾、肠炎。其果有祛风散寒、行气止痛的功效，用于治疗月经不调、疝痛、胃痛。种子油可做皂。

11. 黄檀

***Dalbergia hupeana* Hance**

为豆科黄檀属常绿或半落叶大乔木，高 10～20 m。树皮暗灰色，呈薄片状剥落。幼枝淡绿色，无毛。羽状复叶，小叶 3～5 对，近革质，椭圆形至长圆状椭圆形。圆锥花序顶生或生于最上部的叶腋间，花密集，花冠白色或淡紫色。荚果长圆形或阔舌状。花期4—5 月，果期 5—10 月。采样于桂林市会仙湿地。

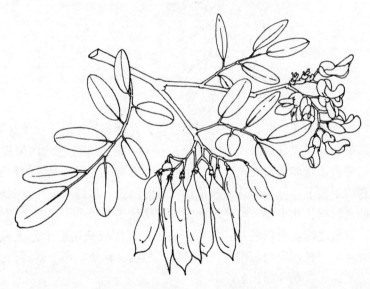

黄檀的花有香味，开花时能吸引大量蜂蝶。树型高大，枝繁叶茂，叶色叶形美观，可作庭荫树、风景树、行道树应用。该植物为阳性树种，适应性强，在陡坡、山脊、岩石裸露、干旱瘦瘠的地方均能适生，是荒山荒地绿化的先锋树种。可作为石灰质土壤绿化树种，是园林应用中的优质树种。

黄檀常生长于低海拔的平原或丘陵地区的阳坡和半阳坡的山

地林中或灌丛中，山沟溪旁及有小树林的坡地。对生长环境要求不严，喜光，耐干旱瘠薄，不择土壤，但以在深厚湿润排水良好的土壤生长较好，忌盐碱地。深根性，萌芽力强，具根瘤，能固氮。

黄檀的根皮可药用，具有清热解毒、止血消肿的功效。

12. 任豆

Zenia insignis Chun

为豆科任豆属落叶大乔木，高可达 20 m。小枝黑褐色，散生有黄白色的小皮孔。树皮粗糙，成片状脱落。芽椭圆状纺锤形，有少数鳞片。羽状复叶长 25～45 cm，小叶薄革质，长圆状披针形。圆锥花序顶生，总花梗和花梗被黄色或棕色糙伏毛，花红色，苞片小，狭卵形。荚果长圆形或椭圆状长圆形，红棕色。种子圆形，平滑，有光泽，棕黑色。花期 5 月，果期 6—8 月。采样于桂林市雁山。

任豆树形美观，花色艳丽，羽状叶灵动飘逸，花红色艳丽，有较高的观赏价值。该植物夏季遮阴效果好，冬季透光，可在公园、

校园、居住小区列植作行道树或作群植、孤植观赏。也可作公路和铁路景观林带树种。

任豆常生长于石山山腰、山脚甚至石崖。任豆喜钙，是强喜光树种。喜棕色石灰岩土，在酸性红壤和赤红壤上也能生长。

任豆木材可作门窗、板材、农具和家具等，枝叶主要为家畜提供饲料，叶还可作稻田绿肥或沤制堆肥，具有较好的经济价值。还是很好的蜜源树，花蜜产量高且优质。

13. 柘树

Maclura tricuspidata Carriere

为桑科柘属落叶灌木或小乔木，高可达 7 m。树皮灰褐色，小枝无毛，略具棱，有棘刺，冬芽赤褐色。叶片卵形或菱状卵形，偶为三裂，先端渐尖，基部楔形至圆形，表面深绿色，背面绿白色，无毛或被柔毛，叶柄被微柔毛。雌雄异株，雌雄花序均为球形头状

花序，单生或成对腋生，具短总花梗。雌花序为球形，雄花序为长圆形。聚花果近球形，肉质，成熟时橘红色。花期5—6月，果期6—7月。采样于桂林市柘木镇。

野外见的柘树多为灌木，一般高都是2～4 m。叶秀果丽，可用于公园、街头绿地绿化，也可修剪作庭园绿荫树和园地绿篱。该植物适应性强、再生能力强、根系发达，是治理石漠化、荒漠化、防止水土流失、保护生态环境方面的先锋树种。适当发展柘树种植，既可抵御干旱瘠薄土地的自然条件限制，又可加大荒山植被覆盖度。

柘树常生长于阳光充足的山地或林缘和山脊的石缝中。喜光亦耐阴、耐寒，喜钙土树种，适生性很强。生于较荫蔽湿润的地方，则叶形较大，质较嫩；生于干燥瘠薄的地方，则叶形较小，颜色较深。

柘树根皮入药，具有清热、凉血、通筋络、化瘀止血、清肝明目的功效，用于治疗崩漏、疟疾等症。该植物用途广泛，茎皮纤维可以造纸。嫩叶可以养幼蚕。果可鲜食或酿酒。木材心部黄色，质坚硬细致，可作木雕、家具或作黄色染料。

14. 异叶榕

Ficus heteromorpha Hemsl.

为桑科榕属落叶灌木或小乔木，高2～5 m。树皮灰褐色。小枝红褐色，节短。叶形多样，琴形、椭圆形、椭圆状披针形，基部圆形或浅心形，表面略粗糙，全缘或微波状。叶柄长1.5～6 cm，红色。托叶披针形，长约1 cm。果实成对生于短枝叶腋，稀单生，无总梗，球形或圆锥状球形，光滑，直径6～10 mm，成熟时紫黑色。花期4—5月，果期5—7月。采样于桂林市会仙马头塘村。

异叶榕的叶形多样，叶片较大，叶背面的红色叶柄与主脉特别明显，是很好的观叶植物，其中以琴形叶最为特别。榕果簇拥在小枝顶部叶腋处，由绿变成微红，成熟后变成暗紫色。由于其叶子多数集生于枝端，所以透光、透气性好。可与需要散射光的地被植物

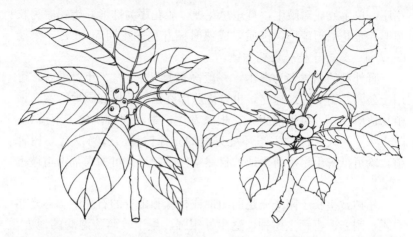

搭配种植，也可种植于路边或草地上，形成树影婆娑的效果。

异叶榕常生长于山谷、坡地及林中。喜阳光充足和湿润的环境，也耐半阴，疏林下能正常生长，密林下生长缓慢。

异叶榕的根或全株具有祛风除湿、化痰止咳、活血、解毒的功效。主治风湿痹痛、咳嗽、跌打损伤、毒蛇咬伤。果有补血、下乳等功效，农村经常用异叶榕的果炖肉给哺乳的妇人喝，可以催乳。榕果成熟可鲜食或作果酱。叶可作猪饲料。茎皮可以用来造纸。

15. 豆梨

***Pyrus calleryana* Decne.**

为蔷薇科梨属落叶乔木，高 5～8 m。小枝粗壮，圆柱形，二年生枝条灰褐色。叶片宽卵形至卵形，稀长椭卵形，先端渐尖，稀短尖，基部圆形至宽楔形，边缘有钝锯齿，两面无毛。托叶叶质，线状披针形。伞形总状花序，具花 6～12 朵，花瓣卵形，白色。梨果球形，直径约 1 cm，黑褐色，有斑点，有细长果梗。花期 4 月，果期 8—9 月。采样于桂林市会仙马头塘村。

豆梨花序繁茂，花先于叶绽放，在盛花期时花白如雪，站在树下，仿佛置身于白色世界之中，恰如"忽如一夜春风来，千树万树梨花开"。而秋季叶色或黄或红，落叶迟，观赏期长。该植物具有

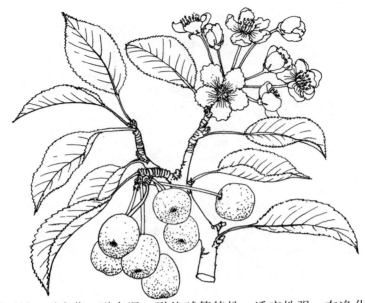

耐干旱、耐瘠薄、耐水湿、耐盐碱等特性，适应性强。在净化空气、滞尘和吸收二氧化硫方面能力强。是未来城市行道树、庭园绿化的优良树种。

豆梨常生长于温暖潮湿的山坡、平原、沼地或山谷杂木林中，适生于温暖潮湿的气候，会仙湿地亦有分布。喜光，稍耐阴，不耐寒，耐干旱，耐瘠薄。对土壤要求不严，在碱性土中亦能生长。深根性。具抗病虫害能力。生长较慢。

豆梨以叶、枝、根、果实入药。根、叶具有润肺止咳、清热解毒的功效，主治肺燥咳嗽、急性眼结膜炎。果实具有健胃、止痢的功效。

16. 白蜡树

***Fraxinus chinensis* Roxb.**

为木犀科梣属落叶乔木，高 10～12 m。树皮灰褐色，纵裂。羽状复叶长 15～25 cm，小叶 5～7 枚，硬纸质，卵形、倒卵状长圆形至披针形，顶生小叶与侧生小叶近等大或稍大，先端锐尖至渐尖，基部钝圆或楔形，叶缘具整齐锯齿。圆锥花序顶生或腋生枝

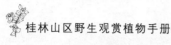

梢，长8～10 cm。花雌雄异株，雄花密集，无花冠。翅果匙形，长3～4 cm，宽4～6 mm。花期4—5月，果期7—9月。采样于桂林市会仙湿地。

　　白蜡树枝叶繁茂，羽状复叶易形成光影婆娑的效果。果绿色翅状，呈穗状下垂。其根系发达，植株萌发力强，生长速度快。干形通直，树形美观，叶、花、果均有观赏价值。该植物可抗烟尘、二氧化硫和氯气，是工厂、城镇绿化美化和防风固沙以及护堤护路的优良树种。

　　白蜡树常生长于山地杂木林中。耐瘠薄干旱，在轻度盐碱地也能生长。阳性树种，喜光，对土壤的适应性较强，在酸性土、中性土及钙质土上均能生长，喜湿润、肥沃和沙质土壤。

　　白蜡树材理通直，生长迅速，柔软坚韧，可编制各种用具。主要经济用途为放养白蜡虫生产白蜡。树皮也作药用，治疗疟疾、月经不调、小儿头疮。

17. 毛梾

Cornus walteri **Wangerin**

　　为山茱萸科梾木属落叶乔木，高达 15 m。幼枝密被淡灰色短柔毛，枝则无毛。叶纸质，对生，椭圆形或长圆形，长 4～12 cm，先端渐尖，基部楔形或宽楔形，些微不对称，上面疏被伏生短柔毛，下面密被浅灰色伏生短柔毛，侧脉 4～5 对，网脉横出。顶生伞房状聚伞花序，花较密，白色，有香味，花瓣窄三角状披针形。核果圆球形，直径 6～7 mm，成熟时黑色，被白色平伏毛。花期 5—6 月，果期 7—9 月。采样于桂林市会仙马头塘村。

　　毛梾树形美观，枝繁叶茂。花素洁淡雅，有浓浓的香味，含苞待放时浅绿色，全部盛开时奶白色，十字形的花瓣简洁却不失高雅，在 5 月的盛花期，会不时地飘来怡人的香气。可做行道树；也可种于庭院；还可以用于公园做孤植观赏。该植物是水土保持树种，适应性强，生长速度快，适合城市绿化和乡村美化以及荒山造林。

　　毛梾常生长于杂木林中或路边。较喜光，喜生于半阳坡、半阴坡。深根性树种，根系扩展，须根发达，萌芽力强，对土壤一般要求不严，能在比较瘠薄的山地、沟坡、河滩中生长。

毛梾枝叶可治漆疮，是上好的中药材。也是木本油料植物，果实含油可达 27%～38%，含有大量的不饱和脂肪酸和抗氧化物质，供食用或作高级润滑油，油渣可作饲料和肥料。树皮和叶子可以制作栲胶。是集生态、观赏、木材、油料为一体的珍贵乡土树种，具有极高的开发价值和市场前景。

18. 四照花

Cornus kousa subsp. *chinensis*

为山茱萸科梾木属落叶小乔木，高 5～9 m。单叶对生，厚纸质，卵形或卵状椭圆形叶柄长 5～10 mm，叶端渐尖，叶基圆形或广楔形，脉腋具黄褐色毛或白色毛。头状花序近球形，生于小枝顶端，具 20～30 朵花。花萼筒状。花盘垫状。果球形，紫红色。总果柄纤细，长 5.5～6.5 cm，果实直径 1.5～2.5 cm。花期 5—6月，果期 8—10月。采样于桂林市龙脊。

四照花树形整齐，初夏开花，总苞片白色，盛开时如满树的蝴蝶在树上飞舞，耀眼动人。可配合一些较矮的灌木进行种植，能够

更好地展现其观赏价值。核果聚生成球形，红艳可爱，味甜可食。叶片光亮，入秋变红，红叶可观赏近 1 个月。中国很早就将其栽培于庭园中以供观赏，可用于公园、宅旁、路边绿化。孤植、丛植或植成行道树均可。

四照花常生长于半阴半阳的地方，常见于林内及阴湿山沟溪边。喜温暖气候和阴湿环境，喜光，适生于肥沃而排水良好的土壤。适应性强，耐热，能耐一定程度的寒、旱、瘠薄。

四照花的果实成熟时紫红色，可直接食用，还可以酿酒。可作净化空气的环保植物，排污除尘能力与构树相当。花果药用可补肺、散淤血、防暑降温、提神醒脑、增进食欲。也是蜜源植物，花粉营养丰富，可做多种食品添加剂。叶可代茶饮用。

19. 大柄冬青

***Ilex macropoda* Miq.**

为冬青科冬青属落叶大乔木，高达 20 m。树皮灰黑色，粗糙。枝条粗壮，平滑无毛，幼枝有棱。叶厚革质，长椭圆形，顶端锐尖，基部楔形，主脉在表面凹陷，在背面显著隆起。叶柄粗壮，长约 1.5 cm。聚伞花序密集于二年生枝条叶腋内，花瓣椭圆形，基

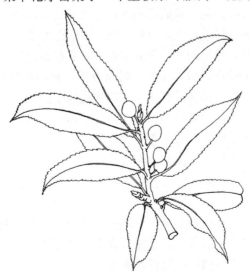

部连合。果实球形，红色或褐色。花期4—5月，果熟期10月。采样于桂林市会仙湿地。

大柄冬青树型高大，外形美观，叶色浓绿，红果鲜艳夺目。秋季黄叶，红色果实格外耀眼，是园林绿化的优良树种。可用于公园、庭园、校园、广场等绿化；也可用做行道树。在园林中可作孤植观赏；也可与其他常绿灌木一起搭配种植，秋冬季落叶后会给林下灌木充足的阳光。在采样地会仙湿地，发现大柄冬青与白饭树生长在一起，两者果实成熟期均在10月，红果在上，白果在下，对比强烈，十分美丽。

大柄冬青常生长于山地杂木林及灌木丛中，是耐阴植物，喜湿润环境。

20. 大叶冬青

***Ilex latifolia* Thunb.**

为冬青科冬青属常绿大乔木，高达20 m。叶片厚革质，长圆形或卵状长圆形，由聚伞花序组成的假圆锥花序生于二年生枝的叶腋内，无总梗。花淡黄绿色，果球形，成熟时红色。花期4月，果期9—10月。采样于桂林市灵川县的山上。

大叶冬青叶、花、果的色相变化丰富。萌发的幼芽及新叶呈紫红色，嫩叶为青绿色，老叶呈墨绿色。5月花为黄色，秋季果实由绿色变为红色，挂果期长，十分美观，具有很高的观赏价值。其枝叶繁茂，四季常青，树形优美，碧绿青翠，是园林绿化首选苗木。可应用于公园、庭园和道路绿化。移栽成活率高，恢复速度快，是园林造景中的优良观赏树种。宜在草坪上孤植，门庭、墙边、园道两侧列植，或散植于叠石、小丘之上。

大叶冬青常生长于山坡常绿阔叶林中、灌丛中或竹林中。适应性强，较耐寒、耐阴，萌发性强，生长较快，病虫害少，是城市理想的绿化树种。

大叶冬青具有清热解毒、利湿、止痛的功效。可治疗感冒发热、扁桃体炎、咽喉肿痛、急慢性肝炎、急性肠胃炎、胃及十二指肠溃疡、风湿关节痛、跌打损伤等症。

21. 白花泡桐

Paulownia fortunei（Seem.）Hemsl.

为玄参科泡桐属落叶大乔木，高达 30 m。树冠圆锥形，主干直，胸径可达 2 m，树皮灰褐色。叶片长卵状心脏形，有时为卵状心脏形，长达 20 cm，顶端长渐尖或锐尖头，新枝上的叶有时 2 裂。花序枝几无或仅有短侧枝，故花序狭长几成圆柱形，长约 25 cm，小聚伞花序有花 3～8 朵，花冠管状漏斗形，白色仅背面稍带紫色或浅紫色，长 8～12 cm。蒴果长圆形或长圆状椭圆形，长 6～10 cm，果皮木质。花期 3—4 月，果期 7—8 月。采样于桂林市尧山。

白花泡桐树型高大，树姿优美，花大成串，洁白美丽。叶大而舒展，有较强的净化空气和抗大气污染的能力，是城市和工矿区绿化的优良树种。可用于道路两旁作绿化种植。该植物生长快，成活率高，抗污染性较强，宜作造林树种和用作工厂附近的

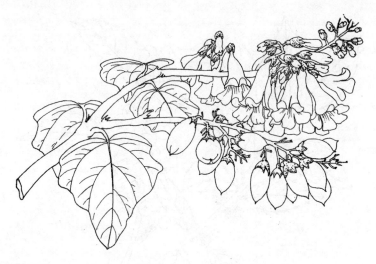

隔离带。

　　白花泡桐常生长于山地、丘陵和旷野平地中。耐干旱能力较强，但不宜在强风袭击的风口和山脊处栽植。在土壤肥沃、深厚、湿润但不积水的向阳山坡或平地栽植。白花泡桐喜光，较耐阴，喜温暖气候，耐寒性不强，对黏重瘠薄土壤有较强适应性。幼年生长极快，是速生树种。

　　白花泡桐的根具有祛风、解毒、消肿、止痛的功效，用于治疗筋骨疼痛、疮疡肿毒、红崩白带。果具有化痰止咳的功效，用于治疗气管炎。

22. 枳椇

Hovenia acerba Lindl.

　　为鼠李科枳椇属落叶乔木，高 10～25 m。小枝褐色或黑紫色。叶互生，厚纸质至纸质，顶端长渐尖或短渐尖，基部截形或心形，稀近圆形或宽楔形，边缘常具整齐浅而钝的细锯齿，上部或近顶端的叶有不明显的齿，稀近全缘。二歧式聚伞圆锥花序，顶生和腋生。花瓣椭圆状匙形，白色，非常小。浆果状核果近球形，直径 5～6.5 mm，无毛，成熟时黄褐色或棕褐色，果序轴明显膨大。种子暗褐色或黑紫。花期 5—7 月，果期 8—10 月。采样于桂林市阳朔。

　　枳椇树干笔直，高大挺拔，树体端庄，树冠宽阔，叶大荫浓，枝叶秀美，花繁叶茂，果实累累。可种植于庭院宅旁、居住小区和公园的路旁及草地上。枳椇适生性强，也是退耕还林、西部开发、岗丘瘠薄地资源开发和现代绿化极好的新树种。

　　枳椇常生长于阳光充足的开阔地带、山坡林缘或疏林中。喜充足阳光，光照不足，生长缓慢，结实率下降，所以生长在阳坡和林缘的枳椇比阴坡或林内的结果多。但枳椇又具耐阴性，忌过分湿润，所以在夏季高温潮湿环境下，生长缓慢。

　　枳椇俗称拐枣，果序轴肥厚、肉质多汁、营养丰富，含丰富的葡萄糖、苹果酸钙，有较强的利尿作用，能促进乙醇的分解和排出，显著降低乙醇在血液中的浓度，并能消除乙醇在体内产生的自由基，阻止过氧化酯质的形成，从而减轻乙醇对肝组织的损伤，避免酒精中毒而导致的各种代谢异常，诱发各种疾病。可生食、酿酒、熬糖。民间常用以浸制"拐枣酒"，能治风湿，适用于治疗热病消渴、烦渴、呕吐、发热等症。

（四）藤本类野生观赏植物

1. 鸡矢藤

Paederia scandens L.

为茜草科鸡矢藤属多年生落叶草质藤本。叶对生，纸质或近革质，形状多为心形，圆锥花序腋生和顶生，扩展，分枝对生，末次分枝上着生的花常呈蝎尾状排列，花冠浅紫色外面被柔毛，里面被茸毛，顶部5裂，顶端急尖而直。果球形，成熟时近黄色，有光泽，平滑，直径5～7 mm。花期5—7月，果期8—11月。采样于桂林市雁山。

鸡矢藤花果密集。花虽小，但很别致，钟形花冠，外面近白色，里面红紫色，对比强烈，密密麻麻地点缀在绿叶中，虽不艳丽，但极有趣味性。可用于篱笆墙绿化，无须特殊打理。春季新叶光亮嫩绿，生机勃勃。夏秋季开花结果，冬季叶落，只剩黄色干果挂在藤茎上，可以采来做干花插瓶，素净雅致。

　　鸡矢藤常生长于溪边、河边、路边、林旁及灌木林中，常攀缘于其他植物或岩石上。喜温暖湿润的环境。

　　鸡矢藤的嫩叶可以捣碎与面和在一起做面条、面片汤等，具有消炎止咳、消食化积的功效。外用于治疗皮炎、湿疹及疮疡肿毒等症。

2. 鸡眼藤

Morinda parvifolia **Bartl. et DC.**

　　为茜草科巴戟天属落叶攀缘、缠绕或平卧藤本。根肉质肥厚，圆柱形，不规则地断续膨大，呈念珠状。茎有细纵条棱，幼时被褐色粗毛。叶对生，叶片长椭圆形，先端短渐尖，基部钝或圆形，全缘。花序头状，有花 2～10 朵，生于小枝的顶端成伞形花序，花冠白色，肉质。核果近球形，熟时红色。花期 4—6 月，果期 7—11月。采样于桂林市尧山。

　　鸡眼藤的花很小，所以并不起眼，但它的果形奇特，就像几个果子长在了一起，成熟时橘红色或红色。果实生于枝端，不会被叶片盖住，所以很远就能被注意到并引起人的好奇心。落叶后，只剩红果，更加艳丽夺目。可借助藤架或矮墙使其攀爬；也可将其与常

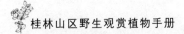

绿树木一起种植，使其攀爬到树上。

鸡眼藤常生长于向阳坡的灌木丛中或疏林下。喜温暖的气候，喜阳光充足的环境，以排水良好、土质疏松、富含腐殖质多的沙质壤土或黄壤土为佳。一般管理较粗放。

鸡眼藤具有清热利湿、化痰止咳、散瘀止痛的功效，用于治疗感冒咳嗽、支气管炎、百日咳、腹泻、跌打损伤、腰肌劳损、湿疹等症。

3. 玉叶金花

Mussaenda pubescens

为茜草科玉叶金花属常绿攀缘灌木。叶对生或轮生，膜质或薄纸质，卵状长圆形或卵状披针形，萼片叶状白色，如花瓣。聚伞花序顶生，密花，花冠黄色，花冠管长约 2 cm。浆果近球形，长 8～10 mm，直径 6～7.5 mm，疏被柔毛，顶部有萼檐脱落后的环状疤痕，干时黑色，果柄长 4～5 mm，疏被毛。花期 6—7 月。采样于桂林市龙脊。

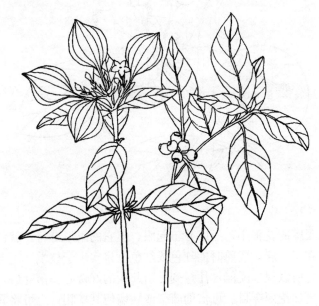

　　玉叶金花花期较长，在桂林从 5 月便会陆续开放，直至 8 月仍有部分花开，花期长达 100 天以上。开花时，叶状雪白的萼片及金黄色的花冠与绿叶相衬，不负"玉叶金花"之名。其实这些看似白玉般的叶是由萼片瓣化而来，远观更像花。是具有开发价值的绿化植物。其枝条细软，可根据喜好，做各式各样的造型盆景；也可在围墙等建筑旁作垂直绿化。

　　玉叶金花常生于丘陵山坡、灌丛、林缘、沟谷、山野路旁等地。适应性强，耐阴，生长速度快，萌芽力强，在较贫瘠及阳光充足或半阴湿环境都能生长。

　　玉叶金花茎叶味甘、性凉，有清凉消暑、清热疏风的功效，是一种具有观赏、药用、生态等多种价值的植物。

4. 南五味子

***Kadsura longipedunculata* Finet et Gagnep.**

　　为木兰科南五味子属常绿木质藤本。叶长圆状披针形、倒卵状披针形或卵状长圆形。花单生于叶腋，花白色或淡黄色，8～17 片。子房宽卵圆形，花柱具盾状心形的柱头冠，胚珠3～5 叠

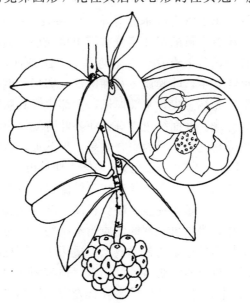

生于腹缝线上。聚合果球形，小浆果倒卵圆形，外果皮薄革质，干时显出种子。花期6—9月，果期9—12月。采样于桂林市龙脊。

南五味子叶片光亮、挺括。花有香味，花瓣黄色，晶莹剔透，子房红色，色彩对比强烈。其枝叶繁茂，秋季聚合果红色鲜艳下垂，具有较高的观赏价值，是优良的垂直绿化植物。可用于屋顶花园、公园、庭园等亭、廊、花架、围栏等绿化。

南五味子常生长于山脚下的杂木林中、林缘或山沟的灌木丛中，缠绕在其他林木上生长。南五味子喜温暖湿润气候，适应性强，对土壤要求不太严格，喜微酸性腐殖土。自然条件下，在肥沃、排水好、湿度均衡适宜的土壤上发育较好。

南五味子具有收敛固涩、益气生津、补肾宁心的功效。用于治疗久咳虚喘、梦遗滑精、遗尿尿频、久泻不止、自汗、盗汗、津伤口渴、短气脉虚、内热消渴、心悸失眠等症。

5. 五味子

***Schisandra chinensis*（Turcz.）Baill.**

为木兰科五味子属落叶木质藤本。根系发达，主根不明显，有密集须根。还有大量的葡匐茎分布于土壤浅层，横向伸长，也称走茎，上有节，节上有芽，产生萌蘖，长出地面，形成新株，扩大种群。单叶互生，叶膜质，宽椭圆形，卵形、倒卵形，宽倒卵形或近圆形，先端急尖，基部楔形，上部边缘具胼胝质的疏浅锯齿，近基部全缘。叶面绿色，有光泽，叶背淡绿色，沿脉有疏毛。花乳白色或粉红色。果为聚合浆果，近球形，成熟时为艳红色。花期4—5月，果期6—10月。采样于桂林市龙脊。

五味子枝叶光亮，秋季叶背赤红。果穗较长呈下垂状，红果累累，鲜艳夺目。其攀缘性强，蔓长枝茂，叶绿花香，十分幽雅动人，是叶、花、果均可观赏的优质藤本植物。园林中可以丰富绿化层次，增加园林造景的艺术效果。适用于半阴处的花篱、花架、山石点缀；也可盆栽观赏。可用于屋顶和阳台绿化、庭园和公园的墙体绿化和棚架绿化等，在园林应用中有较好的发展

前景。

五味子常生长于沟谷、溪旁、山坡、山区的杂木林中、林缘或山沟的灌木丛中，缠绕在其他林木上生长。喜微酸性腐殖土，耐旱性较差。自然条件下，在肥沃、排水好、湿度均衡适宜的土壤上发育最好。

五味子的果含有五味子素及维生素 C、树脂、鞣质及少量糖类，具有收敛固涩、益气生津、补肾宁心的功效。主治敛肺、滋肾、生津、收汗、涩精。用于治疗肺虚喘咳、口干作渴、自汗、盗汗、梦遗滑精、久泻久痢等症。

6. 络石

***Trachelospermum jasminoides*（Lindl.）Lem.**

为夹竹桃科络石属常绿木质藤本，长达 10 m。有气生根。具乳汁。茎赤褐色，圆柱形，有皮孔。小枝被黄色柔毛，老时渐无毛。叶革质或近革质，椭圆形至卵状椭圆形或宽倒卵形。二歧聚伞花序腋生或顶生，花多朵组成圆锥状，与叶等长或较长，花白色、芳香，花瓣5。蓇葖双生，线状披针形，长达17 cm，宽0.8 cm。花期3—7月，果期7—12月。采样于桂林市会仙。

在会仙湿地的水边长着很多苦楝树，每棵苦楝的树干上都爬满了络石藤，络石的花期与苦楝的花期大致相同，两者的花均芳香，所以从树下走过，阵阵花香扑鼻而来，令人心旷神怡。其花虽小，但花多密集，且花形美丽，螺旋状开放，似一朵朵小风车，又因其形如"卐"字，又叫万字花。未盛开的花苞似小小的冰激凌。在园林中可作地被植物，种在岩石周围可以攀附岩石生长，覆盖力较强；也可以依附于藤架、墙壁等作垂直绿化。

络石常生长于山野、溪边、路旁、林缘或杂木林中，常缠绕于树上或攀缘于墙壁上、岩石上。络石喜半阴、湿润的环境，耐旱也耐湿，对土壤要求不严，一般以肥力中等的轻黏土及沙壤土为宜，酸性土及碱性土均可生长。

络石的根、茎、叶、果实供药用，有祛风活络、止痛消肿、清热解毒的功效。乳汁有毒，对心脏有毒害作用。茎皮纤维拉力强，可制绳索、造纸及人造棉。

7. 地果

Ficus tikoua **Bur.**

为桑科榕属常绿匍匐木质藤本。茎上生细长不定根，节膨大，幼枝偶有直立的，高达 30～40 cm。叶坚纸质，倒卵状椭圆形，先端急尖，基部圆形至浅心形，边缘具波状疏浅圆锯齿。榕果成对或簇生于匍匐茎上，常埋于土中，球形至卵球形，直径 1～2 cm，基部收缩成狭柄，成熟时深红色，表面多圆形瘤点，花期 5—6 月，果期 7 月。采样于桂林市会仙。

地果的叶子四季常绿，幼果青绿色，成熟时淡红色。其坚韧而繁茂的茎蔓总是纵横交错地生长着，可承受众多游人践踏。这种特性能将地表土壤牢牢地护住，再加上有茂密的叶子覆盖可以保持地表的水分，是绝佳的防沙固土和保湿的地被植物。

地果常生长于山坡、地头、草坡或岩石缝里，对土壤要求不严，一般湿润排水良好的土壤都可以生长。喜光也能耐阴，耐修剪，也可以不修剪，任其匍匐地面生长，覆盖力极强。

地果具有清热解毒、涩精止遗的功效。主治咽喉肿痛、遗精滑精、腹泻。果子成熟可食，味香甜。是集食用、药用、绿化、观赏于一体的多用途植物。

8. 薜荔

***Ficus pumila* Linn.**

为桑科榕属常绿攀缘或匍匐灌木。叶两型，不结果枝节上生不定根，叶卵状心形，薄革质，基部稍不对称，尖端渐尖，叶柄很短。结果枝上无不定根，革质，卵状椭圆形，先端急尖至钝形，基部圆形至浅心形，全缘。基生叶脉延长，在表面下陷，背面凸起，网脉甚明显，呈蜂窝状。榕果单生叶腋，瘿花果梨形，雌花果近球形，顶部截平，榕果幼时被黄色短柔毛，成熟黄绿色或微红。瘦果近球形，有黏液。花果期5—8月。采样于桂林市会仙湿地。

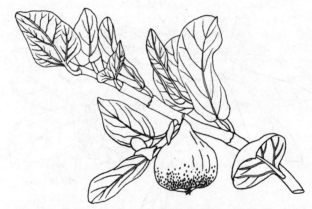

由于薜荔的不定根发达。攀缘及生存适应能力强，在园林绿化方面可用于垂直绿化、护堤、护坡，既可保持水土，又可增加绿色面积。薜荔叶片密集，叶色浓绿。长大后叶大而厚，果大似梨，观赏价值高。可作为绿化植物，攀爬在墙头或栅栏、篱笆上，形成天然的绿色植物墙。由于其蔓延速度快，在护坡、护岸种植时要注意因其攀爬缠绕对树木生长造成的不良影响。

薜荔常生长于山区、丘陵、平原地的杂木林中、岩石缝隙中，多攀附在河岸边、古树、大树上和断墙残壁、古石桥、村庄院落围墙等。在土壤湿润肥沃的地区均有野生分布。薜荔耐贫瘠，抗干旱，对土壤要求不严格，适应性强，幼株耐阴。

薜荔果可制作凉粉和提取果胶。先把薜荔果削皮，切开，将籽剥出暴晒后将果实装到一个干净的布袋内，把袋子浸入凉开水中，用手用力地反复捏揉袋子里的薜荔果，把胶质全部都挤出来。然后提出布袋，静止半小时，就会自动凝成晶莹剔透、凉爽滑嫩的天然果冻。盛一些到一个大杯或者碗里，搅碎后加一些糖水或蜂蜜，清甜可口，有解暑的功效。叶子具有祛风、利湿、活血、解毒的功效，可治风湿痹痛、泻痢、淋病、跌打损伤等症。

9. 葡蟠

Broussonetia kaempferi Sieb.

为桑科构属落叶蔓生藤状灌木。树皮黑褐色，小枝显著伸长，幼时被浅褐色柔毛，长大后脱落。叶互生，近对称的卵状椭圆形，先端渐尖至尾尖，基部心形或截形，边缘锯齿细，齿尖具腺体，不裂，稀为2～3裂，表面无毛，稍粗糙。花雌雄异株，雄花序短穗状，雌花集生为球形头状花序。复果球形，红色。花期4—6月，果期5—7月。采样于桂林市尧山。

葡蟠的复果球形，红色，鲜艳夺目，与大型乔木构树的果实很像，但较小。两者的叶子也相似，因其是藤状灌木，因此葡蟠又被

称为藤构。原变种仅分布于日本，因此葡蟠是它的日本名。在园林绿化中可修剪其枝条作为灌木使用，可用于路边、墙边、林缘等地的绿化。也可栽种于高大乔木下面，使其能够依附攀缘生长，美化树干。

葡蟠常生长于山坡和沟谷丛林中或岩石边，多依附大树生长。喜半阴、潮湿环境。

葡蟠根皮主治跌打损伤、腰痛。叶、树皮汁能解毒、杀虫，外用治神经性皮炎、顽癣。

10. 山牵牛

Thunbergia grandiflora

为爵床科山牵牛属常绿攀缘灌木。分枝较多，可攀缘得很高，匍枝漫爬，小枝条稍四棱形，后逐渐复圆形。叶片卵形、宽卵形至

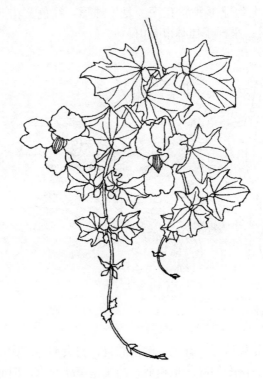

心形，先端急尖至锐尖，边缘有三角形裂片。花在叶腋单生或成顶生总状花序，花冠漏斗状，初花蓝色，盛花浅蓝色，末花近白色。蒴果下部近球形，上部具长喙，开裂时似乌鸦嘴。花期 7—10 月，果期 8—11 月。采样于桂林市雁山。

山牵牛的花较大，由于开放时间不同，会出现蓝色、浅蓝色、白色相间的景象，有较高的观赏价值。在园林中可依附棚架、墙体、树木等作垂直绿化。适合庭园作棚架栽培，叶密荫浓，花大美丽，既可纳凉也可观赏。由于其植株高大，所以攀附的棚架必须结实牢固。每年可进行修剪，使其萌发新枝。

山牵牛常生长于山坡和山地灌丛。喜日光充足的环境，最好是长日照，喜温暖，不耐寒。对土壤适应性较强，排水良好、疏松肥沃的壤土都可以。

山牵牛的根用于治疗风湿痹痛、痛经、跌打肿痛、骨折等症。茎叶用于治疗跌打损伤、骨折、疮疖、蛇咬伤等症。

11. 金樱子

Rosa laevigata **Michx.**

为蔷薇科蔷薇属常绿攀缘灌木，高可达 5 m。小枝粗壮，散生扁弯皮刺。小叶革质，通常 3，稀 5，小叶片椭圆状卵形、倒卵形或披针状卵形，先端急尖或圆钝，稀尾状渐尖，边缘有锐锯齿，上面亮绿色，下面黄绿色，边缘有细齿。花单生于叶腋，花瓣白色，宽倒卵形，密集。果梨形、倒卵形，成熟时紫褐色。花期 4—6 月，果期 7—11 月。采样于桂林市会仙湿地。

春季是金樱子盛开的季节，桂林的野外随处可见。花大，花瓣白色，金黄色的花蕊，清新可人。花苞圆锥状，洁白饱满，含苞待放，似少女般清纯美丽。秋季果实逐渐成熟，由绿变黄再变橙，有些可达到橘红色，鲜艳夺目。金樱子是观花观果的优良植物。因其花白色，盛开时节是清明前后，所以很多人不喜欢在庭院种植，但在高速路边、自然风景区、工厂等地是很好的绿化材料。

金樱子常生长于向阳的山野、田边、溪畔等的灌木丛中，对土

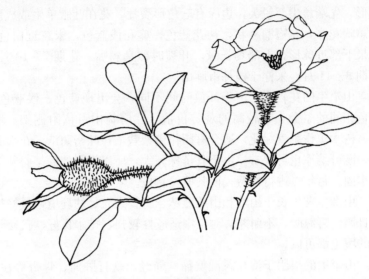

壤要求不严，生长速度快，攀缘能力强。

　　金樱子的根皮含鞣质可制栲胶。果实可熬糖及酿酒。民间用其果实泡酒饮用，有益气生血、补肾、缩尿固精、涩肠止泻的功效。根、叶、果均入药，根有活血散瘀、祛风除湿、解毒收敛及杀虫等功效。叶外用治疮疖、烧烫伤。果能止腹泻并对流感病毒有抑制作用。

12. 小果蔷薇

***Rosa cymosa* Tratt.**

　　为蔷薇科蔷薇属落叶攀缘灌木，高 2～5 m。小枝圆柱形，无毛或稍有柔毛，有钩状皮刺。小叶 3～5，叶片卵状披针形或椭圆形。花多朵或复伞房花序，萼片卵形，先端渐尖，常羽状分裂，花瓣白色，倒卵形，先端凹。果球形，直径4～7 mm，熟后红至黑褐色，萼片脱落。花期 5—6 月，果期 7—11 月。采样于桂林市会仙湿地龙山。

　　小果蔷薇在每年 2—3 月发芽，4 月中下旬孕蕾，5 月上、中旬开花，7—9 月结果，8—11 月果熟。生长繁茂，覆盖力强。花朵密集，花瓣白色，洁白如雪。果小球形，由绿变黄再变红，最后变褐

色脱落。该植物的花、果、叶皆具较高的观赏价值。可用于公园、高速路边、荒坡绿化。

小果蔷薇常生长于向阳山坡、路旁、溪边或丘陵地。喜湿润、温暖环境。适应的土壤为黄棕壤至红壤。

小果蔷薇具有消肿止痛、祛风除湿、止血解毒、补脾固涩的功效。用于治疗风湿关节病、跌打损伤、脱肛等症。外用于治疗痈疮肿毒、烧伤、烫伤。

13. 粉团蔷薇

Rosa multiflora var. *cathayensis*

为蔷薇科蔷薇属攀缘灌木，高 1～2 m。枝细长，有皮刺。羽状复叶，小叶 5～7，倒卵形、长圆形或卵形，边缘有尖锐单锯齿。

花多朵，排成圆锥状花序，花粉红色、较大、单瓣。果实较小，少种子或无种子。花期4—5月，果熟9月至翌年1月。采样桂林市于雁山。

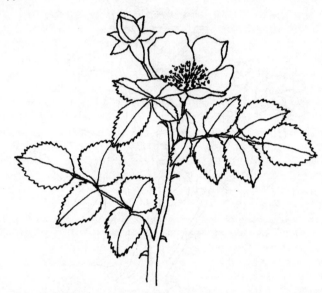

粉团蔷薇花繁叶茂，芳香清幽。花形千姿百态，花色深浅不一。可植于溪畔、路旁及园边等处，或用于花柱、花架、花门、篱垣与栅栏绿化、墙面绿化、山石绿化、阳台和窗台绿化、立交桥绿化等。往往密集丛生，满枝灿烂，景色颇佳。该植物虽不及玫瑰和月季那样妖娆，但也不失绚丽和浪漫。除了春季繁茂的花朵，秋冬的果实也有很好的观赏效果，当叶子逐渐脱落，只剩下红色的果子挂在枝头，非常明显，让人眼前一亮，顿生欣喜。

粉团蔷薇常生于山坡、灌丛、沟边、河边或山野路旁。性强健，喜光，耐半阴，耐寒，对土壤要求不严，在黏重土中也可正常生长。耐瘠薄，忌低洼积水，以肥沃、疏松的微酸性土壤最好。常用分株、扦插和压条繁殖，也可播种。适应性极强，栽培范围较广，易繁殖，是较好的园林绿化材料。

粉团蔷薇的根具有活血通络的功效。叶外用治肿毒。种子利水通经。鲜花含有芳香油可提制香精用于化妆品工业。

14. 龙须藤

***Bauhinia championii*（Benth.）Benth.**

为豆科羊蹄甲属常绿木质藤本。有卷须。嫩枝和花序薄被紧贴的小柔毛。叶纸质，卵形或心形，先端锐渐尖、圆钝、微凹或 2 裂。总状花序狭长，有时与叶对生或数个聚生于枝顶而成复总状花序，花瓣白色。荚果倒卵状长圆形或带状，扁平，长 7～12 cm，宽 2.5～3 cm。花期 6—10 月，果期 7—12 月。采样于桂林市阳朔。

龙须藤枝叶密集，叶片圆润，叶脉整齐明显，观赏效果较好。花序较长且花密集。每年的 2—3 月是龙须藤萌发新芽的季节，新叶嫩绿偏红，嫩枝和卷须红色，十分可爱。可用于大型棚架、绿廊、墙垣等绿化；也可作陡坡、岩壁等垂直绿化；还可修剪整形成不同形状的灌木绿篱或灌木球等。用于公园、校园、庭园观赏。其攀附能力和覆盖力强，高速公路护坡、裸露岩石覆盖等均可应用。

龙须藤常生长于石缝、崖壁上、山坡灌丛或山地林中。喜光照，较耐阴，适应性强，耐干旱瘠薄，耐修剪，易管理。

龙须藤的木质茎全年可采，鲜用或洗净切片，具有祛风除湿、活血止痛、健脾理气的功效。用于治疗风湿性关节炎、腰腿疼、跌打损伤、胃痛、小儿疳积。

15. 云实

***Caesalpinia decapetala*（Roth）Alston**

为豆科云实属常绿攀缘灌木。树皮暗红色。枝、叶轴和花序均被柔毛和钩刺。二回羽状复叶，长圆形，叶对生，具柄。总状花序顶生，直立，多花，花瓣黄色，膜质，圆形或倒卵形，长 10～12 mm，盛开时反卷基部具短柄。荚果长圆状舌形。花果期 4—10

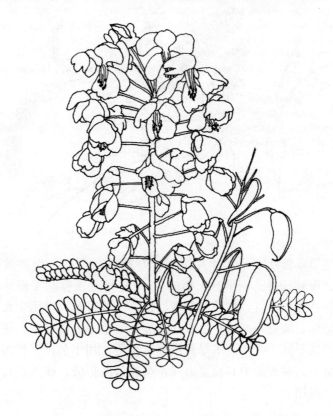

月。采样于桂林市雁山。

　　云实花多且密集，灿烂明媚，花期长，是很好的观花植物。可成片种植用作隔离带绿化；也可稍加修剪种植于草坪边缘。该植物具刺，可将其低处能触碰到的枝叶修剪成光滑的树干。可用于公园、路边、荒野坡地等绿化。可丛植、片植，或用于花架、花廊、篱垣的垂直绿化。

　　云实常生长于荒野山坡或路边的灌丛中，攀缘性强。喜阳稍耐阴，喜温暖湿润气候，不耐寒。适应性较强，对土壤要求不严，能耐瘠薄，疏松肥沃土壤生长旺盛，萌蘖力强。

　　云实具有解毒除湿、止咳化痰、杀虫的功效。用于治疗痢疾、疟疾、慢性气管炎等症。

16. 鹿藿

Rhynchosia volubilis Lour.

　　为豆科鹿藿属多年生落叶缠绕草本。全株各部多少被灰色至淡黄色柔毛。茎蔓长。3出复叶，顶生小叶近圆形，先端急尖或短渐尖，侧生小叶斜阔卵形，或斜阔椭圆形，先端急尖，基部圆形，叶片纸质，上面疏被短柔毛，背面密被长柔毛和橘黄色透明腺点。总状花序腋生，花10余朵，花黄色，龙骨瓣有长喙。荚果长圆形，

红紫色。种子通常 2 颗，椭圆形或近肾形，黑色，光亮。花期 5—8 月，果期 9 月至翌年 1 月。采样于桂林市雁山。

春季时，鹿藿的新叶嫩绿，给人一种生机勃勃的景象；夏季时叶子郁郁葱葱，搭配黄色娇俏的花，美丽多姿。鹿藿在 12 月至翌年 1 月间，荚果成熟，红艳更似花朵。一颗颗迸裂的红色豆荚上挂着黑色的种子，通常裂开的两片豆荚内侧各挂一颗种子，十分有趣。荚果密集生于叶腋，全部迸裂时，黑色的种子密密麻麻，光亮圆润。在园林绿化中可依附于各种支架使其攀爬生长，可用于屋顶花园、庭园、墙面等。其生长迅速快，可在短时间内形成绿化效果；也可做地被植物，用于护土护坡。

鹿藿常生长于山坡路旁、竹林、灌丛、林边、渠道田埂及多年撂荒地的杂草丛中。喜光，耐潮湿，耐半阴，成活率高，对环境条件要求不严，适应性和抗逆性强。

鹿藿具有祛风除湿、活血、解毒、消积散结、消肿止痛、舒筋活络的功效。用于治疗风湿痹痛、头痛、牙痛、腰脊疼痛、瘀血腹痛、痈肿疮毒、跌打损伤、烫火伤、颈淋巴结结核、风湿关节炎、腰肌劳损、蛇咬伤、血吸虫、女子腰腹痛等。

17. 中南鱼藤

Derris trifoliata Lour.

为豆科鱼藤属常绿攀缘状灌木。羽状复叶长 15～28 cm，小叶 2～3 对，厚纸质或薄革质，卵状椭圆形、卵状长椭圆形或椭圆形，长 4～13 cm，宽 2～6 cm。圆锥花序腋生，花序轴和花梗有极稀少的黄褐色短硬毛。花数朵生于短小枝上，花萼钟状，花冠白色。荚果薄革质，长椭圆形至舌状长椭圆形。花期 4—5 月，果期 10—11 月。采样于桂林市会仙湿地。

中南鱼藤羽状叶舒展灵动，小叶光亮浓绿，株型饱满，长势旺盛，四季常青。春季新叶黄绿色，与深绿色老叶形成强烈对比。花白色，虽小却密集，被浓绿的叶子衬得雪白。该植物是优质的观叶观花植物，具有适应性广、覆盖力强、易管理等特性。可用于河岸绿化、林下绿化及岩石边坡绿化等。

中南鱼藤常生长于水边、山地路旁、山谷的灌木林或疏林中。喜湿润环境，也能耐干旱贫瘠，可生长于岸边，也能生长于岩石缝隙中。

中南鱼藤外用于治疗痈疽疮疡、疥疮、疥癣、丹毒、无名肿毒、虫蛇咬伤、皮肤红肿热痛、皮肤湿疹等症。

18. 香花鸡血藤

Callerya dielsiana

为豆科鸡血藤属常绿攀缘灌木，长 2～5 m。茎皮灰褐色，剥裂，枝无毛或被微毛。羽状复叶，叶纸质，披针形，长圆形至狭长圆形。圆锥花序顶生，宽大，花冠紫红色，旗瓣阔卵形至倒阔卵形，密被锈色或银色绢毛。荚果线形至长圆形，扁平，密被灰色茸毛。花期 5—9 月，果期 6—11 月。采样于桂林市会仙湿地。

香花鸡血藤的鲜根断面会流出血红色的浆汁。树型高大，枝繁叶茂，花具香气，花朵密集，花色艳丽，观赏价值高。其干茎粗壮，所依附的棚架一定要结实牢固。可用于庭园、公园、校园、广场的棚架、岩石、树木、墙体、山石的绿化。对生长环境要求不高，是一种极具开发价值的藤本绿化植物资源。

香花鸡血藤常生长于山坡杂木林、灌木丛、溪边、谷地和路旁，常攀附于岩石和树上。耐干旱，耐瘠薄，也稍耐寒，适生于中性或中性偏酸的土壤中。

香花鸡血藤的根主要用于散瘀止血、消肿止痛、祛风除湿、肺虚劳热、阳痿遗精、月经不调、闭经、劳伤筋骨、血虚体弱等病症。

19. 葛

Pueraria lobata（Willd.）Ohwi

为豆科葛属落叶木质藤本，长可达 8 m。全体被黄色长硬毛，茎基部木质，有粗厚的块状根。羽状复叶具 3 小叶，小叶三裂，偶尔全缘，顶生小叶宽卵形或斜卵形，先端长渐尖，侧生小叶斜卵形，稍小。总状花序长 15～30cm，中部以上有颇密集的花，2～3 朵聚生于花序轴的节上，花冠紫色，旗瓣倒卵形。荚果长椭圆形。花期 9—10 月，果期 11—12 月。采样于桂林市龙脊。

由于葛生长过于迅速，不易修剪成型，美观度也略显逊色，所

以一般不会在城市园林中种植。但由于其生命力旺盛、生长速度快、覆盖能力极强的特点，是覆盖裸露山石、护坡、保持水土的极佳绿化材料。

葛常生长于山坡、路旁或灌木丛中。性强健，不择土壤，无论是疏松、富含腐殖质的沙壤土还是红壤土，都能生长良好。其生长迅速，蔓延力强，对气候要求不严，较喜光，稍喜温暖潮湿，适应性强，能耐干旱瘠薄。在桂林周边的山野、路边、村落等地随处可见。

葛根供药用，有解表退热、生津止渴、止泻的功效，并能改善高血压病人的头晕、头痛、耳鸣等症状。有效成分为黄豆苷元（daidzein）、黄苷（daidzin）及葛根素（puerarin）等。茎皮纤维供织布和造纸用，古代应用甚广，葛衣、葛巾均为平民服饰，葛纸、葛绳应用亦久。块根含淀粉，供食用，所提取的淀粉称葛粉，用于解酒。

20. 显齿蛇葡萄

Ampelopsis grossedentata

为葡萄科蛇葡萄属常绿木质藤本。小枝圆柱形，有显著纵棱纹，无毛。卷须 2 叉分枝，相隔 2 节间断与叶对生。叶为 1～2 回羽状复叶。花序为伞房状多歧聚伞花序，与叶对生。果近球形，直径 0.6～1 cm。种子倒卵圆形。花期 5—8 月，果期 8—12 月。采样于桂林市龙脊。

显齿蛇葡萄的叶片在阳光的照射下发着蓝绿色的亮光。老叶浓绿，嫩叶浅绿。农村经常用其来装饰院落的棚架，用来遮阴。在园林绿化中可搭架或种植于栏杆处使其缠绕生长，是较好的观叶物种。

158

显齿蛇葡萄常生长于沟谷林中或山坡灌丛。喜温暖湿润环境，喜光，耐半阴。

显齿蛇葡萄全株药用，具有清热解毒、祛风湿、强筋骨等功效，用于治疗感冒发热、咽喉肿痛、黄疸型肝炎等症。从显齿蛇葡萄茎叶中提取的总黄酮具有抗血栓、降脂、保肝、降血糖、抗炎、镇痛和提高免疫的作用。叶可做茶，被称为藤茶。藤茶分嫩芽、嫩叶、成叶、老叶等不同品级，因而它的采摘时间也不尽相同，以4—6月采摘的藤茶质量较好。

21. 白英

Solanum lyratum Thunberg

为茄科茄属多年生草质藤本。叶互生，多数为琴形，基部通常3～5深裂，裂片全缘，侧裂片越到基部越小，中裂片比较大，卵形，两面均被白色发亮的长柔毛，少数枝条上叶片为心脏形。聚伞花序顶生或腋外生，疏花，花冠蓝紫色或白色。浆果圆球形，成熟时红色或红黑色，直径约8 mm。花期6—10月，果期10—11月。采样于桂林市尧山。

每年11月白英的浆果成熟，红果鲜艳，晶莹剔透。该植物可与秋冬季落叶的木质藤本一起搭配种植，待木质藤本的花、叶退去后，白英的红果可继续做装饰。其根浅、茎纤细，不会影响其他木质藤本的生长。绿化中可通过依附支架作垂直绿化；也可通过人工控制其缠绕方向作盆景观赏，用于阳台、屋顶花园和庭院。

白英常生长于山谷草地或路旁、田边。喜温暖湿润的环境，耐旱，耐寒，怕水涝。对土壤要求不严，但以土层深厚，疏松肥沃，富含有机质的沙壤土为好，重黏土、盐碱地、低洼地不宜种植。

白英具有清热解毒、祛风利湿、抗癌等功效，用于治疗感冒发热、黄疸型肝炎、胆囊炎、肾炎水肿、子宫颈糜烂等疾病。白英是防癌、抗癌的良药，对于肺癌等有一定疗效。

22. 南蛇藤

Celastrus orbiculatus Thunb.

为卫矛科南蛇藤属落叶藤状灌木。小枝光滑无毛，灰棕色或棕褐色，腋芽小，卵状到卵圆状，叶通常阔倒卵形，近圆形或长方椭圆形，边缘具锯齿，两面光滑无毛或叶背脉上具稀疏短柔毛，聚伞花序腋生，花小，雄花萼片钝三角形。花瓣倒卵椭圆形或长方形，花盘浅杯状，雌花花冠较雄花窄小，肉质，子房近球形，蒴果近球形，种子椭圆形稍扁，赤褐色。5—6月开花，7—10月结果。采样于桂林市尧山。

南蛇藤植株姿态优美，果实鲜红艳丽，具有较高的观赏价值，是城市垂直绿化的优良树种。应搭架或向篱墙边或乔木旁引蔓，以利于其依附生长。由于该植物的分枝较多，栽培过程中应注意修剪枝藤，控制蔓延，增强观赏效果。庭园、公园、荒坡绿化均可应用。

南蛇藤常生长于山地沟谷及林缘灌木丛中。性喜阳耐阴，分布广，抗寒耐旱，对土壤要求不严。栽植于背风向阳、湿润而排水好的肥沃沙质壤土中生长最好，若栽于半阴处，也能生长。

南蛇藤的根、藤具有祛风活血、消肿止痛的功效，用于风湿关节炎、跌打损伤、腰腿痛、闭经。果具有安神镇静的功效，用于治疗神经衰弱、心悸、失眠、健忘。叶具有解毒、散瘀的功效，用于治疗跌打损伤、多发性疖肿、毒蛇咬伤。

23. 薯莨

Dioscorea cirrhosa **Lour.**

为薯蓣科薯蓣属多年生落叶草质藤本，长可达 20 m。块茎外皮黑褐色，凹凸不平，断面新鲜时红色，茎绿色，无毛，单叶片，革质或近革质，顶端渐尖或骤尖，基部圆形，两面无毛，表面深绿色，背面粉绿色，网脉明显。花序为穗状花序，花小。蒴果不反折，近三棱状扁圆形，每室种子着生果轴中部，种子四周有膜状翅。花期 4—6 月，果期 7 月至翌年 1 月。采样于桂林市雁山。

薯莨的蒴果形状奇特，成串下垂状，先是黄绿色，枯萎后变成

浅褐色。三棱果裂开后，似蝴蝶张开的翅膀，冬季茎叶枯萎，只有这成串的果荚挂在茎枝上，果荚内侧光亮，在阳光的照射下闪闪发亮。薯莨的干果荚可与鸡矢藤的干果、香椿的干果荚等一起搭配用于干花艺术。该植物可种植于庭园、水边作棚架绿化。

薯莨常生长于山坡、路旁、河谷边的杂木林中、阔叶林中、灌丛中或林边。喜温暖，茎叶喜高温和干燥、畏霜冻。块茎一般生长在表层，不耐寒。耐阴，但块茎积累养分需强光。薯莨属浅根系植物，喜湿但又不耐水，因而宜栽于排水良好、肥沃、有适度水湿的土地。

薯莨具有活血止血、理气止痛、清热解毒的功效。可用于活血、补血、收敛固涩。治跌打损伤、血瘀气滞、月经不调、妇女血崩、咳嗽咳血、半身麻木及风湿等症。薯莨块茎汁液可作为天然染料，用来染布。

24. 菝葜

Smilax china L.

为百合科菝葜属落叶攀缘灌木。根状茎粗厚，坚硬，为不规则的块状。叶薄革质或坚纸质，圆形、卵形或其他形状，下面通常淡绿色，较少白色。伞形花序生于叶尚幼嫩的小枝上，具十几朵或更多的花，常呈球形，花绿黄色，雄花中花药比花丝稍宽，常弯曲；雌花与雄花大小相似，有6枚退化雄蕊。浆果熟时红色，有粉霜。花期2—5月，果期9—11月。采样于桂林市雁山镇莫家村。

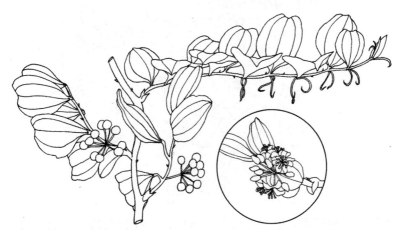

拔葜叶形美观，基出脉清晰规整，老叶翠绿，新叶泛红，偏黄绿。果圆润可爱，成熟时鲜红色，聚伞形，似扎在一起的气球。叶和果均有较高的观赏价值。可密集种植，修剪成绿篱。也可在棚架、山石旁进行种植，用作装饰和遮阴。庭园、公园、道路两边均可应用。

拔葜常生长于林下、灌丛中、路旁、河谷或山坡上。喜微潮偏干的土壤环境，稍耐旱，喜温暖，较耐寒，喜阴环境，忌日光直射。对土壤的适应性较强，但土层深厚、排水良好、疏松肥沃的土壤中生长更好。

拔葜以根茎入药，具有祛风湿、利小便、消肿毒的功效，主治关节疼痛、肌肉麻木、泄泻、痢疾、水肿、淋病、疔疮、肿毒、痔疮等症。根状茎可以用来酿酒。

25. 大花威灵仙

Clematis courtoisii Hand. -Mazz.

为毛茛科铁线莲属常绿木质攀缘藤本，长2～4 m。须根黄

褐色。茎圆柱形，表面棕红色或深棕色。叶为三出复叶至二回三出复叶，叶片薄纸质或亚革质，长圆形或卵状披针形。花单生于叶腋，在花梗的中部着生一对叶状苞片，苞片卵圆形或宽卵形，常较叶片宽。花大，直径 5～8 cm。萼片常 6 枚，白色，倒卵状披针形或宽披针形，中间基生三条脉纹。雄蕊暗紫色，长达 1.5 cm。瘦果倒卵圆形。花期 4—6 月，果期 6—7 月。采样于桂林市会仙湿地。

大花威灵仙在桂林除了春季盛花期外，其他月份也有少数花开放，花期几乎全年。其叶色浓绿，株形紧凑，花大夺目。萼片白色，花蕊暗紫色，两者对比鲜明，视觉冲击力强。在园林中可依附花架、亭廊、栅栏等使其攀附生长作装饰绿化；也可布置在稀疏的灌木篱笆中，任其攀爬，将灌木绿篱变成花篱，显得格外优雅别致。还可作为盆栽观赏。

大花威灵仙常生长于山坡、溪边及路旁的杂木林中、灌丛中，攀缘于树上。喜散射光，在疏松、肥沃、湿润及排水好的壤土中生长旺盛。

大花威灵仙具有清热利湿、理气通便、解毒的功效，主治小便不利、腹胀、大便秘结、风火牙痛、虫蛇咬伤。

26. 三叶木通

Akebia trifoliata（Thunb.）Koidz.

为木通科木通属落叶木质藤本。茎皮灰褐色，掌状复叶互生或在短枝上的簇生，叶柄直，叶片纸质或薄革质，卵形至阔卵形，边缘具波状齿或浅裂，上面深绿色，下面浅绿色。总状花序自短枝上簇生叶中抽出，下部有 1～2 朵雌花，以上有 15～30 朵雄花，长 6～16 cm。雌花：花梗较雄花的粗，长 1.5～3 cm，萼片 3，暗紫红色，近圆形，长 10～12 mm，宽约 10 mm；雄花：花梗丝状，萼片淡紫色，阔椭圆形或椭圆形，花丝极短，药室在开花时内弯。果长圆形，直或稍弯，种子极多数，扁卵形，种皮红褐色或黑褐色，稍有光泽。花期 3—4 月，果期 6—8 月。采样于桂林市尧山。

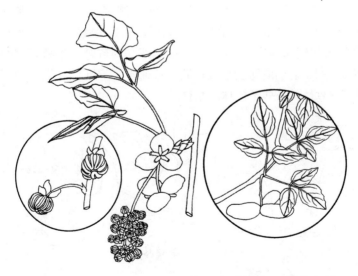

三叶木通的叶、花、果美丽独特，春季观花，秋季赏果，具有较高的观赏价值。茎蔓缠绕、柔美多姿。雌花暗紫红色，雄花穗状，雌雄花形态差异大，花期持久，是优良的垂直绿化材料。在园林中常配植于花架、门廊或攀附于花格墙、栅栏之上，或匍匐岩隙翠竹之间。该植物栽培容易，适应性强，适合庭园栽种；也可用于林下绿化，使其攀爬于常绿树的枝干上，下垂的果实可增加趣味性。

　　三叶木通常生长于山地沟谷边疏林或丘陵灌丛中。喜阴湿，耐寒，在微酸、多腐殖质的黄壤土中生长良好，也能适应中性土壤。

　　三叶木通的根、茎和果均入药，具有利尿、通乳、舒筋活络的功效，治疗风湿关节痛。果可作为水果食用，味甜可口，风味独特，果实含有大量人体必需的营养成分。果除了鲜食还可以酿酒。

27. 金线吊乌龟

***Stephania cepharantha* Hayata**

　　为防己科千金藤属多年生草质落叶藤本，长 1～2 m 或更长。小枝紫红色，纤细。叶纸质，三角状扁圆形至近圆形，长 2～6 cm，宽 2.5～6.5 cm。雌雄花序同形，均为头状花序，具盘状花托。核果阔倒卵圆形，长约 6.5 mm，成熟时红色。果核背部两侧各有 10～12 条小横肋状雕纹，胎座迹通常不穿孔。花期 4—5 月，果期 6—7 月。采样于桂林市龙脊。

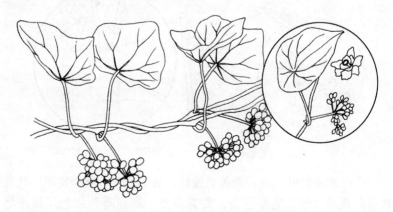

　　金线吊乌龟是优良的观叶观果植物。其果密集，光滑圆润，

由绿变黄再变橙，熟时红色，鲜艳夺目。由于果成熟时间不同，会呈现多种果色，色彩变化丰富。叶形美观，掌状脉清晰，似龟壳，又因其叶柄很长，黄绿色，所以被称为"金线吊乌龟"。可作花廊、篱栅、围墙的垂直绿化；也可盆栽观赏，装点室内、阳台等处。

金线吊乌龟常生长于山坡、路边、溪边、草丛中及矮林边缘。喜半阴、微潮偏干的土壤环境，喜温暖，怕寒冷。

金线吊乌龟的块根为中国民间常用草药，具有清热解毒、消肿止痛的功效，对治疗痈疽肿毒、腮腺炎、毒蛇咬伤等症状有很好的效果。又为兽医用药，称白药、白药子或白大药。块根含多种生物碱，其中千金藤素有抗结核、治胃溃疡等功效。

28. 东风草

Blumea megacephala

为菊科艾纳香属多年生攀缘状草质或基部木质藤本。茎圆柱形，多分枝，有明显沟纹，具疏毛。叶片卵形、卵状长圆形或长圆形，先端短尖，基部圆形，边缘有疏细齿或点状齿。头状花序疏散，通常多个生于小枝顶端，花黄色，雌花多数，细管状，檐部2～4齿裂。两性花，花冠管状，被白色多细胞节毛，檐部5齿裂。瘦果圆柱形，有10条棱，被疏毛。花期8—12月。采样于桂林市临桂区六塘镇小江村。

东风草茎直，圆柱形表皮光滑，枝条美丽。叶正面光亮，颜色较深；背面颜色稍浅，叶脉突起明显。花多数，盛开时，上半部分黄色，下半部分灰白色，黄花谢后棕红色，在浓绿交错的枝叶的衬托下犹如繁星点点。东风草枝繁叶茂，花朵密集，可搭配其他灌木或藤本用于荒坡绿化、河岸绿化、路边绿化等。也可与葛一起搭配种植，两者的花可连续观赏，凸显自然乡土野趣。

东风草常生长于林缘、灌丛、山坡、丘陵等处。喜半阴、湿润环境，耐贫瘠，石缝中也能生长。

东风草具有清热明目、祛风止痒、解毒消肿的功效，主治目赤肿痛、风疹、疥疮、皮肤瘙痒、痈肿疮疖、跌打红肿。

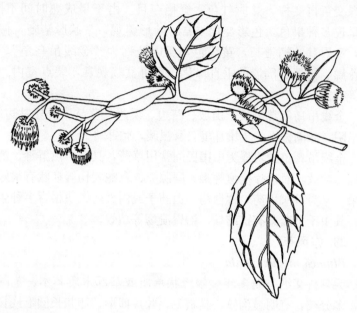

29. 羊乳

Codonopsis lanceolata

为桔梗科党参属多年生草质藤本，有乳汁。茎表面有多数瘤状茎痕。茎缠绕。主茎上的叶互生，披针形或菱状狭卵形，细小。在小枝顶端通常 2～4 叶簇生，而近于对生或轮生状，叶柄短小，叶片菱状卵形、狭卵形或椭圆形，通常全缘或有疏波状锯齿，上面绿色，下面灰绿色，叶脉明显。花单生或对生于小枝顶端，花冠阔钟状，外部黄绿色或乳白色，浅裂，裂片三角状，反卷，呈深紫色。花盘肉质，深绿色。蒴果下部半球状，上部有喙。花果期 6—9 月。采样于桂林市尧山。

羊乳花朵一般呈下垂状，像悬挂在枝叶上的铃铛。黄绿色或乳白色的花冠外部与深紫色的反卷裂片形成鲜明对比，内部又有紫色斑点过渡，清雅中透着几分妖娆，有较高的观赏价值。其生于枝端的叶片通常四叶轮生，近于对生，呈十字状，又被称为"轮叶党参"，是优质的观花观叶植物。可搭配棚架、支架等用于庭园、屋

　　顶花园、公园等地作垂直绿化；也可使其攀爬于树木上，增加趣味性；还可用于盆栽观赏。

　　羊乳常生长于山地灌木林下沟边阴湿地区或阔叶林内。喜凉爽气候，生长期遇高温，地上部分易枯萎和感染病害。幼苗喜阴，成株期喜散射光。

　　羊乳以根入药，具有滋补强壮、补虚通乳、排脓解毒、祛痰的功效，用于治疗血虚气弱、肺痈咯血、乳汁少等症。也具有败毒抗癌的作用，用于癌瘤积毒、消肿排脓。

30. 大百部

***Stemona tuberosa* Lour.**

　　为百部科百部属多年生草质落叶藤本。块根通常纺锤状，长达30 cm。茎常具少数分枝，攀缘状，下部木质化，分枝表面具纵槽。叶对生或轮生，极少兼有互生，卵状披针形、卵形或宽卵形，长 6～24 cm，宽 2～17 cm，顶端渐尖至短尖，基部心形，边缘稍波状，纸质或薄革质。叶柄长 3～10 cm。花单生或 2～3 朵排成总状花序，生于叶腋或偶尔贴生于叶柄上，花被片黄绿色带紫色脉

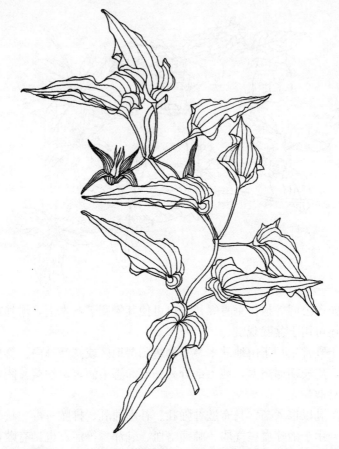

纹，顶端渐尖，具7～10深紫色脉。雄蕊紫红色，短于或几等长于花被。蒴果光滑，具多数种子。花期4—7月，果期5—8月。采样于桂林市会仙马头塘村。

　　大百部生长繁茂，茎枝柔软，富有弹性。叶片较大，基出脉7～9，清晰整齐，叶缘常呈不均匀的波浪状弯曲，造型独特，极具美感。宜在庭园角隅栽种，通过支架或依附于栏杆让其垂直攀缘生长，或使其攀缘于竹篱矮墙。是垂直绿化、美化及盆栽观赏的优良植物。

　　大百部常生长于山坡丛林下、溪边、路旁以及山谷和阴湿岩石中。性喜温暖和有散射光照环境，也略耐阴，在土层深厚、疏松肥沃、排水性好的沙质壤土中生长良好，耐寒性差，更怕霜冻。

大百部的根入药，外用于杀虫、止痒、灭虱。内服有润肺、止咳、祛痰之效。

31. 小叶买麻藤

Gnetum parvifolium

为买麻藤科买麻藤属常绿木质缠绕藤本，长达 10 m 以上。茎枝圆形，有明显皮孔，节膨大。叶对生，革质，椭圆形至狭椭圆形或倒卵形。花序具多轮总苞，球花单性同株，雌雄同株或异株，夏

季开绿色小花，穗状花序腋生或顶生。成熟种子假种皮红色，长椭圆形或窄矩圆状倒卵圆形。花期 4—6 月，果期 9—11 月。采样于桂林市尧山。

小叶买麻藤株型高大，植株健壮，攀爬力强，常年葱绿。成串的种子，由绿至黄至橘黄色，果密集，颜色鲜艳。可用于庭园半阴处的垂直绿化。可用来装饰廊道、墙体等；也可用于覆盖裸露岩石。

小叶买麻藤常生长于湿润谷地的森林中，缠绕在大树上。喜半阴，喜温暖多湿气候，不耐寒，不耐干旱，忌烈日暴晒。

小叶买麻藤具有祛风活血、消肿止痛、化痰止咳的功效，用于治疗风湿性关节炎、腰肌劳损、筋骨酸软、跌打损伤、支气管炎、溃疡出血、蛇咬伤等症。外用治骨折。

32. 石岩枫

Mallotus repandus

为大戟科野桐属常绿攀缘状灌木。嫩枝、叶柄、花序和花梗均密生黄色星状柔毛。老枝无毛，常有皮孔叶互生，纸质或膜质，卵形或椭圆状卵形，嫩叶两面均被星状柔毛，成长叶仅下面叶脉腋部被毛和散生黄色颗粒状腺体。花雌雄异株，总状花序或下部有分枝，雄花序顶生，稀腋生；雌花序顶生。蒴果土黄色，具 2～3 个分果爿，密生黄色粉末状毛和具颗粒状腺体。花期 3—5 月，果期 8—9 月。采样于桂林市会仙湿地龙山。

石岩枫枝叶舒展，叶大密集，果成串密生于枝端，土黄色，向上直立状，在浓绿的叶子衬托下十分显眼。其攀爬能力强，是覆盖岩石的优质植物。可用于裸露岩石和山体的覆盖；也可修剪其枝条，使其向上生长，可达 10 m 以上。

石岩枫常生长于山地疏林中、岩石或林缘，缠绕在大树上或攀附于岩石上。喜光也耐半阴，耐贫瘠。

石岩枫具有祛风除湿、活血通络、解毒消肿、驱虫止痒的功效，用于治疗腰腿疼痛、跌打损伤、痈肿疮疡、绦虫病、湿疹、顽癣、蛇犬咬伤等症。

33. 多叶勾儿茶

***Berchemia polyphylla* Wall. ex Laws**

为鼠李科勾儿茶属常绿藤状灌木，高 3～4 m。小枝黄褐色，被短柔毛。叶纸质，卵状椭圆形、卵状矩圆形或椭圆形，顶端圆形或钝，稀锐尖，常有小尖头，基部圆形，稀宽楔形，两面无毛，上面深绿色，下面浅绿色。花浅绿色或白色，无毛，花瓣近圆形，通常 2～10 个簇生排成具短总梗的聚伞总状，或稀下部具短分枝的窄聚伞圆锥花序，花序顶生，长达 7 cm。核果圆柱形，长 7～9 mm，直径 3～3.5 mm，顶端尖，先绿色，成熟时红色，后变紫黑色，基部有宿存的花盘和萼筒。花期 5—9 月，果期 7—11 月。采样于

桂林市阳朔。

　　多叶勾儿茶枝叶密集，具有耐修剪的特性，果实丰硕，颜色鲜艳。其叶小而轻盈，叶片光亮，老叶深绿，新叶浅绿。叶脉较密，清晰规整。枝条韧性好，颇具特色。金秋时节，硕果累累，由于成熟时间先后不同，秋冬季植株上同时出现绿、红、紫、黑四种颜色的果子，极具观赏价值。并且果期较长，是优质的观果植物。可修剪成绿篱、树球；也可不修剪布置在水岸、沟边和小路旁。可作为公园点缀、花坛造景、庭园美化等，在园林造景中可以作灌木层配置。

　　多叶勾儿茶常生长于山地灌丛、林缘、山坡脚或靠近溪沟的沿岸。分布比较广泛，喜光，喜温暖湿润的气候，对土壤要求不严，耐贫瘠，萌芽能力强，耐修剪。

多叶勾儿茶具有保肝、止咳平喘、清肺化痰等功效，还具有抑菌、抑制酶活性、抗氧化和抗腹泻等多种作用。

34. 雀梅藤

Sageretia thea (Osbeck) **Johnst.**

为鼠李科雀梅藤属常绿藤状或直立灌木。小枝具刺，互生或近对生，褐色，被短柔毛。叶纸质，近对生或互生，通常椭圆形、矩圆形或卵状椭圆形。花无梗，黄色，有芳香。核果近圆球形，直径约 5 mm。种子扁平，两端微凹。花期 7—11 月，果期翌年 3—5 月。采样于桂林市会仙。

春季的雀梅藤新叶萌发，叶片嫩绿鲜亮，叶脉明显整齐，特别美丽。由于其枝叶密集具刺，可修剪作绿篱。秋季，淡黄色小花发出幽幽的清香，其茎蔓多依石攀爬生长，高低分层，错落有致。适合庭园假山、岩石、陡坎峭壁作绿化。老枝形态苍古奇特，耐修剪，宜蟠扎，是制作树桩盆景的极好材料。

雀梅藤常生长于丘陵、山地林下或灌丛中。喜温暖湿润的空气环境，在半阴半湿的地方生长最好。适应性好，耐贫瘠干燥，对土壤要求不严，在疏松肥沃的酸性、中性土壤都能适应。其嫩叶可代茶饮用。

雀梅藤的叶可供药用，治疮疡肿毒。根可治咳嗽、化痰。果味酸可食。

35. 飞龙掌血

Toddalia asiatica（L.）Lam.

为芸香科飞龙掌血属落叶木质藤本。树干带粗刺，茎枝及叶轴有甚多向下弯钩的锐刺，当年生嫩枝的顶部有褐或红锈色甚短的细毛，或密被灰白色短毛。叶揉之有类似柑橘叶发出的香气，卵形、倒卵形、椭圆形或倒卵状椭圆形。顶部尾状长尖或急尖而钝头，叶缘有细裂齿。花淡黄白色，呈聚伞圆锥花序，有香气。果橙红或朱红色，直径 8~10 mm 或稍大。花期 2—3 月，果期 9—11 月。采样于桂林市雁山。

飞龙掌血的木质茎似狼牙棒，且像飞龙一样攀缘飞腾，故名"飞龙"，又因其植株带刺，采摘时手掌经常会被刺破流血，故名"掌血"。该植物新发嫩叶黄绿色，泛着光亮，与引来蜜蜂的黄色花序一起营造春意盎然的景象。其花期较早，花香怡人，是早春较好的观花、观茎植物。秋季果色艳丽，或黄或红，观赏性高。

飞龙掌血常生长于山坡、路旁、灌丛中或疏林中，较常见于灌木、小乔木的次生林中，攀缘于树上，石灰岩山地也常见。喜阴湿，忌高温高寒，对气温要求较高。根系发达，主根深，侧根广，蓄水力强，固土作用好，对土壤要求不高，在较贫瘠的土壤中亦能顽强地生长。耐旱耐瘠，适应性强，在沙质壤土、土层浅薄瘦瘠的山腰或山顶均能正常生长，但以土层深厚的酸性赤红壤土生长较好。

飞龙掌血全株可药用，多用其根。性温，有小毒，具有活血散瘀、祛风除湿、消肿止痛的功效，用于治疗感冒风寒、胃痛、肋间神经痛、风湿骨痛、跌打损伤、咯血等症。

36. 马㼹儿

Zehneria indica（Lour.）Keraudren

为葫芦科马㼹儿属多年生缠绕草质藤本。茎、枝纤细，无毛。叶柄细，初时有长柔毛，最后变无毛。叶片膜质，多型，三角状卵形、卵状心形或戟形、不分裂或3~5浅裂，长3~5 cm，宽2~4 cm，若分裂时中间的裂片较长，三角形或披针状长圆形。花白色。果柄纤细，长2~3 cm，果长圆形或窄卵形，无毛，长1~1.5 cm，先是绿色后变成灰白色。花期4—7月，果期7—11月。采样于桂林市柘木镇。

马㼹儿的果绿色，秋冬季成熟时灰白色。果梗细又长，果圆润下垂，似吊坠。当其爬上围栏或网架，纤细的茎、俏丽的叶子和像小西瓜般可爱的果子在微风中摇曳，给人温柔、轻盈之感。在园林中可与网架、棚架、围栏、栅栏等搭配种植；也可作为吊盆观赏，

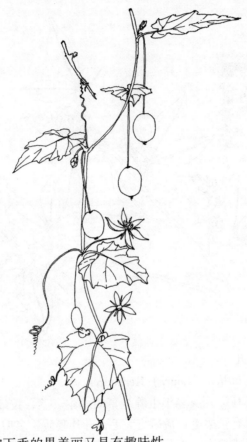

翠绿的叶和下垂的果美丽又具有趣味性。

　　马㼎儿常生长于林中阴湿处以及路旁、田边及灌丛中，常缠绕灌木上。

　　马㼎儿具有清热解毒、消肿散结、清肝肺热、祛湿、利小便的功效。用于治疗咽喉肿痛、结膜炎。外用治疮疡肿毒、淋巴结结核、睾丸炎、皮肤湿疹等症。

附表：桂林山区野生观赏植物分类表

草本类（共25科，33属，36种）

科	属	种
菊科	苦荬菜属	中华苦荬菜
	藿香蓟属	藿香蓟
	马兰属	马兰
	一点红属	一点红
	泽兰属	佩兰
	菊属	野菊
大戟科	大戟属	泽漆
玄参科	婆婆纳属	婆婆纳
	通泉草属	通泉草
	腹水草属	四方麻
豆科	黄耆属	紫云英
	蝙蝠草属	铺地蝙蝠草
罂粟科	紫堇属	紫堇
蔷薇科	委陵菜属	蛇含委陵菜
水龙骨科	石韦属	石韦
报春花科	珍珠菜属	过路黄
		广西过路黄

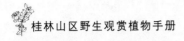

（续）

草本类（共 25 科，33 属，36 种）

科	属	种
蒟蒻薯科	裂果薯属	裂果薯
堇菜科	堇菜属	紫花地丁
		斑叶堇菜
唇形科	活血丹属	活血丹
藤黄科	金丝桃属	元宝草
荨麻科	赤车属	赤车
马齿苋科	土人参属	土人参
商陆科	商陆属	商陆
天南星科	魔芋属	花魔芋
三白草科	三白草属	三白草
桔梗科	半边莲属	半边莲
凤仙花科	凤仙花属	大旗瓣凤仙花
卷柏科	卷柏属	翠云草
白花丹科	白花丹属	白花丹
锦葵科	秋葵属	黄蜀葵
苦苣苔科	唇柱苣苔属	牛耳朵
爵床科	狗肝菜属	狗肝菜
石蒜科	石蒜属	忽地笑
		石蒜

灌木类（共 29 科，44 属，52 种）

科	属	种
桃金娘科	桃金娘属	桃金娘
	蒲桃属	轮叶蒲桃

（续）

灌木类（共29科，44属，52种）

科	属	种
蔷薇科	火棘属	火棘
	悬钩子属	蓬藟
	苹果属	三叶海棠
虎皮楠科	虎皮楠属	牛耳枫
豆科	排钱树属	排钱树
	假木豆属	假木豆
	木蓝属	河北木蓝
	胡枝子属	大叶胡枝子
山茶科	枹木属	枹木
鼠李科	鼠李属	长叶冻绿
		薄叶鼠李
		金刚鼠李
	马甲子属	马甲子
胡颓子科	胡颓子属	胡颓子
忍冬科	荚蒾属	香荚蒾
		南方荚蒾
桑科	榕属	琴叶榕
榆科	山黄麻属	狭叶山黄麻
马鞭草科	大青属	赪桐
	紫珠属	紫珠
	牡荆属	牡荆
	豆腐柴属	豆腐柴
茜草科	栀子属	栀子
	水团花属	细叶水团花
瑞香科	荛花属	了哥王

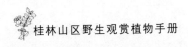

（续）

灌木类（共29科，44属，52种）

科	属	种
茄科	茄属	珊瑚樱
	红丝线属	红丝线
野牡丹科	野牡丹属	地菍
		野牡丹
	柏拉木属	匙萼柏拉木
紫金牛科	紫金牛属	朱砂根
		九节龙
	杜茎山属	杜茎山
		鲫鱼胆
夹竹桃科	萝芙木属	萝芙木
爵床科	鸭嘴花属	鸭嘴花
大戟科	白饭树属	白饭树
		一叶萩
	算盘子属	算盘子
虎耳草科	常山属	常山
卫矛科	卫矛属	疏花卫矛
藤黄科	金丝桃属	金丝桃
亚麻科	石海椒属	石海椒
海桐花科	海桐花属	海金子
冬青科	冬青属	枸骨
		毛冬青
安息香科	安息香属	白花龙
蝶形花科	干花豆属	小叶干花豆
杜鹃花科	越橘属	南烛
椴树科	扁担杆属	扁担杆

乔木类（共18科，21属，22种）

科	属	种
樟科	木姜子属	山鸡椒
山茶科	木荷属	木荷
虎皮楠科	虎皮楠属	交让木
大戟科	油桐属	油桐
榆科	朴属	朴树
山矾科	山矾属	南岭山矾
茜草科	风箱树属	风箱树
楝科	楝属	楝
八角枫科	八角枫属	八角枫
省沽油科	野鸦椿属	野鸦椿
豆科	黄檀属	黄檀
	任豆属	任豆
桑科	柘属	柘树
	榕属	异叶榕
蔷薇科	梨属	豆梨
木犀科	梣属	白蜡树
山茱萸科	梾木属	毛梾
	四照花属	四照花
冬青科	冬青属	大柄冬青
		大叶冬青
玄参科	泡桐属	白花泡桐
鼠李科	枳椇属	枳椇

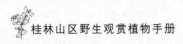
（续）

藤本类（共 23 科，32 属，36 种）

科	属	种
茜草科	鸡矢藤属	鸡矢藤
	巴戟天属	鸡眼藤
	玉叶金花属	玉叶金花
木兰科	五味子属	南五味子
		五味子
夹竹桃科	络石属	络石
桑科	榕属	地果
		薜荔
	构属	葡蟠
爵床科	山牵牛属	山牵牛
蔷薇科	蔷薇属	金樱子
		小果蔷薇
		粉团蔷薇
豆科	羊蹄甲属	龙须藤
	云实属	云实
	鹿藿属	鹿藿
	鱼藤属	中南鱼藤
	鸡血藤属	香花鸡血藤
	葛属	葛
葡萄科	蛇葡萄属	显齿蛇葡萄
茄科	茄属	白英
卫矛科	南蛇藤属	南蛇藤
薯蓣科	薯蓣属	薯莨
百合科	菝葜属	菝葜
毛茛科	铁线莲属	大花威灵仙
木通科	木通属	三叶木通

（续）

藤本类（共 23 科，32 属，36 种）

科	属	种
防己科	千金藤属	金线吊乌龟
菊科	艾纳香属	东风草
桔梗科	党参属	羊乳
百部科	百部属	大百部
买麻藤科	买麻藤属	小叶买麻藤
大戟科	野桐属	石岩枫
鼠李科	勾儿茶属	多叶勾儿茶
	雀梅藤属	雀梅藤
芸香科	飞龙掌血属	飞龙掌血
葫芦科	马㼎属	马㼎儿

参 考 文 献

蔡光先，2004. 湖南药物志 [M]. 长沙：湖南科学技术出版社.

蔡岳文，马骥，刘传明，2016. 岭南采药录 [M]. 广州：广东科技出版社.

陈仁寿，刘训红，2020. 江苏中药志第二卷 [M]. 苏州：江苏凤凰科学技术出版社.

方清茂，赵军宁，2020. 四川省中药资源志要 [M]. 成都：四川科技出版社.

广西药用植物园，2006. 广西药用植物园药用植物名录 [M]. 南宁：广西新闻出版局.

李时珍，2018. 本草纲目 [M]. 曹洪欣，武国忠，校订. 北京：线装书局.

林夏珍，赵建强，2000. 中国野生花卉种质资源调查综述 [J]. 浙江林学院学报，18（4）：441-444.

唐林峰，杨玉峰，2017. 特色桂林的绿化大格局：广西壮族自治区桂林市绿化概况 [J]. 义务植树（12）：29-31.

王国强，2014. 全国中草药汇编 [M]. 北京：人民卫生出版社.

植物智 http://www.iplant.cn/.

中国科学院中国植物志编辑委员会，2004. 中国植物志 [M]. 北京：科学出版社.

中华本草 http://bencao.miaochaxun.com/.

图书在版编目（CIP）数据

桂林山区野生观赏植物手册 / 丛林林主编；韩冬，黄莹副主编 . —北京：中国农业出版社，2022.10
ISBN 978-7-109-29866-8

Ⅰ.①桂… Ⅱ.①丛… ②韩… ③黄… Ⅲ.①山区—野生观赏植物—桂林—手册 Ⅳ.①Q948.526.73-62

中国版本图书馆 CIP 数据核字（2022）第 150649 号

中国农业出版社出版

地址：北京市朝阳区麦子店街 18 号楼
邮编：100125
责任编辑：丁瑞华 黄 宇
版式设计：杨 婧 责任校对：吴丽婷
印刷：中农印务有限公司
版次：2022 年 10 月第 1 版
印次：2022 年 10 月北京第 1 次印刷
发行：新华书店北京发行所
开本：880mm×1230mm 1/32
印张：6.25
字数：200 千字
定价：45.00 元